기체론 강의

평균자유행로에 비하여 크기를 무시할 수 있는 단원자 분자이론

❶

Vorlesungen über Gastheorie
by Ludwig Boltzmann

Published by Acanet, Korea, 2017

학술명저번역 602

기체론 강의

Vorlesungen über Gastheorie

평균자유행로에 비하여 크기를 무시할 수 있는 단원자 분자이론

루트비히 볼츠만 지음 | **이성열** 옮김

| 역자 서문 |

물리학자이자 화학자인 볼츠만(Ludwig Boltzmann)은 19세기의 뛰어난 과학자이다. 물질의 거시적인 성질을, 물질을 구성하는 입자(분자)들의 운동으로 해석한 볼츠만의 안목은 물질의 근본구조에 관심을 가졌었던 고대 그리스 자연철학자들의 의문에 대한 중요한 해답이라 할 수 있는데, 19세기 말까지의 물리학계에서는 이러한 관점에 매우 소홀하였다. '고전물리'로 알려진 그 당시의 물리는 뉴턴 역학과 전자기학으로 대표될 수 있는데, 이 두 자연법칙들이 너무나 강력하였기 때문에 물리학자들은 물질을 이루는 근본입자의 탐구에 별 노력을 기울이지 않았던 것 같다. 열의 본질에 대한 논쟁으로부터 출발한 열역학(thermodynamics) 대 운동론(kinetic theory)의 대결은 물리와 화학의 역사에서 중요한 위치를 차지한다. 열이 입자라는 가설에 대비되는, 열이 미세입자(즉, 원자)의 운동에 불과하다는 생각은 이미 볼츠만의 시대 이전에 발생하였지만, 직접적인 증거가 없었으므로 과학계에서는 소수의 이론으로 치부되었다. 이에 따라서 오늘날 열역학으로 알려진 분야는 19세기에만 하더라도 열 및 물질의 성질을 오직 거시적인 관점에서만 다루자는, "관념적 과학(idealistic science)"이라고 일컬을 수 있는 접근방식이 당시의 대가들(에른스트 마흐, 빌헬름 오스트발트, 피에르 뒤엠 등)에 의하여 주장되었다. 물질의 성질을 구성입자의 운동으로 설명하고자 하는 "원자론(atomic theory)"적 접근방식은 적어도 물리에서는 19세기 말까지 학계의 관심을 별로 끌지 못하였다. 이러한 학계의 풍토가 볼츠만의 자살로 이어졌음은 주지의 사실이다.

한편, 화학 쪽에서는 보일, 샤를, 아보가드로 등이 발견한 기체법칙을 바탕으로 하여, 물질을 구성하는 근본입자(원자, 분자)에 대한 학설이 일찌감치 정립되어, 분자의 관점에서 물질의 성질을 설명할 수 있었다. 이상기체 방정식으로 알려져 있는 이들의 법칙은 그러나 거시적 변수(온도, 압력, 부피, 몰수)들 사이의 관계에 대한 거시적 측정에 의한 것이어서 그 이론적 배경에는 취약했다. 기체의 거시적 성질을 구성분자들의 운동으로 해석하려는 노력은 18세기까지 부분적으로 이루어져 왔으며, 18세기 중반에는 열과 일이 동등하다는 사실이 줄의 실험에 의하여 알려졌고, 특히 맥스웰의 결정적인 공헌에 힘입어 운동론이 정립되기 시작하였다. 클라우시우스가 고안한 평균자유행로(mean free path)의 개념은 기체의 열전달, 점성 및 확산 현상을 분자운동으로 해석하였다.

볼츠만은 물리학자였지만, 당시의 과학으로 보자면 오히려 화학에 더 큰 영향을 미쳤다. 특히, 17세기에 이미 관찰된 기체법칙을 분자운동에 관련시키는 접근방식은 전형적인 화학적 방식이어서, 현재의 대학에서 학습하는 일반화학과 물리화학에서 볼츠만의 업적이 기여하는 바가 매우 크다. 특히, 기체분자운동론(kinetic theory of gas)에서 다루는 기체분자속도, 충돌수, 평균자유행로, 확산 등은 거의 전적으로 볼츠만 기체이론의 성과이다. 『기체론 강의』 제1부에서 볼츠만은 자신의 이론을 매우 상세히 전개하고 있다.

볼츠만은 또한, 이상기체를 넘어서 기체분자의 특성(크기, 인력)을 고려한 판데르발스 기체에 대해서도 분자운동과 기체의 거시적인 행위를『기체론 강의』 제2부에서 다루고 있다. 이것은 실제 기체의 성질을 구성입자로 이해하는 중요한 경우이며, 나아가서 액체이론의 시초라고도 하겠다.

당시의 유럽 물리학계에서 주목받지 못한 볼츠만의 연구성과는 현대 물리 및 화학에서 중심적인 역할을 하고 있는데, 이것이 '통계역학'의 기본 개념과 관련되기 때문이다. 거시적 물질의 성질을 구성입자의 행위로서 이해하고자 하는 '통계역학'은 볼츠만의 기체이론과 직접적으로 관련된다. 실제로 볼츠만은 기체이론에 머무르지 않았고, 에너지에 따른 상태의 분포를 나타내는 볼츠만 분포 등의 핵심적인 개념을 이후에 다루었다. 물리상수 중에서 매우 중요한 역할을 하는 '볼츠만 상수'에 그의 이름이 붙은 것은 이러한 공로를 인정한 것이겠다.

대학에서 자연과학계열의 학생들은 대부분의 경우 역사적으로 이미 정설로 받아들여진 내용만을 학습한다. 그러나 과거에 제시되었던 자연현상에 대한 학설 중에서 지금까지 살아남은 것은 사실 소수라고 할 수 있는데, 이미 사라진 학설을 접하는 것도 정설을 배우는 것만큼 중요하다고 생각한다. 자연과학은 철저하게 논리로 무장된 과학자들에 의하여 가치중성적으로 연구되는 것이 아니라, 개인적 야망이라든가 열정, 희생 등에 의하여 동기가 부여되는 것이므로, 이런 점에서는 과학자들의 성공뿐 아니라 실패, 논리와 마찬가지로 우연과 편견에도 관심을 가질 필요가 있다. 예를 들면, DNA의 구조결정 과정에서 경쟁한 제임스 왓슨(James Watson), 프랜시스 크릭(Francis Crick) 팀과 라이너스 폴링(Linus Pauling) 연구진 사이의 경쟁, 또는 뛰어난 실험결과를 축적했음에도 노벨상에서 제외된 로잘린드 프랭클린(Rosalind Franklin) 등의 이야기는 얼마나 흥미진진한가. 이런 면에서 과학사는 자연과학을 전공하는 학생들에게 매우 중요하다.

국내에서 자연과학 분야의 고전번역은 거의 이루어지고 있지 않는 듯하다. 여기에는 많은 이유가 있겠지만, 우선 자연과학자들의 무관심이 큰 이유일 것이다. 대학이나 연구소에서 과학연구에 종사하는 과학자들이 고전을 접하는 경우는 사실 거의 없으며, 이들은 대학에서 자신들이 배운 지식을 바탕으로 새로운 연구에 골몰하여, 과학사에 관심을 가질 여유가 없다. 자연과학 계열의 학생들도 이것은 마찬가지여서, 대학 강의교재 내용을 학습하는 데 급급한 실정이다. 물론, 자연과학 고전을 번역할 정도의 어학 능력을 가진 번역자가 드문 것도 한 가지 이유일 것이다.

자연과학의 연구성과는 물론 과학적 논리에 의하여 평가되고, 부분적인 지식이 시간이 지남에 따라서 자연과학 전체의 구조 속에서 적절한 위치를 차지하게 되지만, 자연과학자들이 새로운 지식을 얻는 과정은 결코 논리적이지도 않고, 과학발전이 선형적이지도 않다. 과학적 발견의 상당 부분은 당시의 사회경제적 요건과 결코 무관하지 않으며, 과학자 또한 당대의 영향을 받지 않을 수 없다. 따라서 과학적 성과와 과학탐구 과정은 분리되어 고찰될 필요가 있다. 볼츠만의 경우도 이러한 점에서 시사하는 바가 크다. 뛰어난 과학자의 중요한 이론이 왜 당시 유럽의 물리학계로부터 외면당했는지, 과학이론과 학계의 풍토는 어떻게 상호작용하는지 등을 고찰하게 되면, 19세기 유럽의 물리학계와 화학계의 관계, 당시 유럽 문화의 전반적인 분위기 등에 대한 실마리를 찾을 수도 있을 것이다. 또한, 볼츠만의 삶을 되짚어 보면서, 과학자의 성과와 아울러 과학자의 구체적인 삶을 엿볼 수도 있을 것이다. 문학연구에서 작품과 작가의 삶이 동시에 중요시되는 것에 비하면, 자연과학의 경우에는 이러한 작업이 거의 중요시되지 않는데, 크게 개선되어야 할 부분이다.

『기체론 강의』 제2부의 6장 이후에서 볼츠만이 제시하는 '분자해리(dissociation)'이론은 다소 거칠다. 이것은 물론 볼츠만의 생시에 양자역학이론이 알려져 있지 않았기 때문이었다. 원자 간 화학결합이나 해리는 오직 양자역학으로만 이해될 수 있으므로, 볼츠만이 제시하는 분자해리이론은 현대의 화학결합론과는 상당한 거리가 있다. 역사적으로 보자면 볼츠만의 분자해리이론은 살아남지 못한 것이지만, 양자역학이론이 정립되기 이전의 자연과학이 화학결합을 어떻게 생각했는지를 알려준다는 점에서 매우 흥미롭다.

볼츠만의 『기체론 강의』는 역사적 의미뿐 아니라, 물리와 화학 교과서에서 자세히 다루지 않는 수학적 유도 및 이론 전개를 포함하고 있어서 학문적으로도 대단히 유용하다. 본 역자는 이 책을 번역함으로써 기체이론을 볼츠만의 관점에서 다시 이해하고, 그 이론의 역사적인 배경을 배우고자 한다. 또한, 이 책을 펴냄으로써 물리와 화학을 공부하는 학생들에게 좋은 참고자료로 제공하고자 한다.

차례

제1부

평균자유행로에 비하여 크기를 무시할 수 있는 단원자 분자이론

| 제1부에 대한 서문 |

"Alles Vergängliche

Ist nur ein Gleichness!"[1)]

이전에 나는 기체이론에 대한 교과서를 쓰기로 거의 결정한 적이 많았다. 1873년 비엔나 만국박람회에서 로블루스키 교수가 나에게 적극적으로 제안한 것을 특별히 기억한다. 내 눈이 언제 나빠질지 모르는 상태에서 내가 별 관심을 보이지 않자, 그는 간명하게 대답했다: "그러니 더 서둘러야지!" 지금도 교과서를 쓸 뚜렷한 이유는 없다. 왜냐하면 첫째로, 독일에서 기체이론은, 말하자면 유행이 지나갔기 때문이다. 둘째로, O. E. 마이어가 열이론에 대한 유명한 교과서 2판을 냈고, 키르히호프가 열이론에 대한 강의에서 상당한 부분을 기체이론에 할애했기 때문이다.[2)] 그러나 마이어의 책은 화학자와 물리화학자들에게는 훌륭한 것으로 인식되었지만 완전히 다른 목적을 가지고 있다. 키르히호프의 책은 자료선택과 서술에서 대가의 모습을 보였지만, 열이론에 대한 사후의 강의록이었고, 기체이론을 단지 부록으

1) 괴테, 『파우스트』 2부, 5장 "Chorus Mysticus", "모든 지나가는 것들은 실제의 반영일 뿐이다."
2) O. E. Meyer, *Die kinetische Therorie der Gase*(Breslau: Maruschke und Berendt, 1877; 2판, 1899). Kirchhoff, *Vorlesungen über die Therorie der Wärme*, p. 134(Leibzig: B. G. Teubner, 1894).

로 취급한 것이어서 종합적인 교과서로 보기는 어렵다. 사실, 키르히호프가 기체이론에 대하여 보인 관심과, 반면에 그의 서술이 너무 짧았기 때문에 나타난 여러 미진한 부분이, 뮌헨 대학과 비엔나 대학에서 행한 강의록을 바탕으로 이 책을 발표하게 한 동기임을 밝히고자 한다.

이 책에서 나는 무엇보다 클라우시우스와 맥스웰의 선구적인 작업을 명확하게 이해시키고자 하였다. 이 책에 나 자신의 연구성과가 들어가 있는 것을 독자들이 좋게 보아주면 고맙겠다. 키르히호프의 강의록과 푸앵카레의 『열역학』[3]의 뒷부분에 나의 성과들이 정중하게 인용되어 있지만, 관련된 곳에서 적절하게 사용되지는 않았다. 이런 이유로, 나는 내 연구의 중요한 결과들을 짤막하게, 그러나 가능하면 쉽게 이해될 수 있도록 서술하는 것이 무의미하지는 않을 것이라고 결론지었다. 내가 옥스퍼드에서 열린 잊을 수 없는 영국학회에서 배운 것, 그리고 많은 영국 과학자들과의 서신 및 《네이처(*Nature*)》[4]에 발표된 편지들도 큰 영향을 미쳤다.

때로는 복잡한 생각들을 나타내기 위한 장황한 수식을 피할 수 없어서, 책 전체를 읽지 않는 독자들에게는 의아할지 모르겠다. 처음에는 쓸모없는 듯 보이는 수학도 정신적 지평이 확장되면 차후에는 실제 과학에 유용해질 것이다. 맥스웰의 복잡한 전자기이론 수식들도 헤르츠의 실험 이전에는 쓸모없는 것으로 여겨졌지 않은가. 기체이론도 마찬가지이기를!

비엔나, 1895년 9월

루트비히 볼츠만

3) Poincaré, *Thermodynamique*(Paris, Gauthier-Villars, 1892).

4) Bryan, *Nature* **51**, 31, 152, 176, 262, 319(1894-1895); **52**, 244(1895). Culverwell, *Nature* **50**, 617(1894); **51**, 78, 105, 246, 581(1894-1895); **52**, 149(1895). Burbury, *Nature* **51**, 175(1894); **52**, 316(1895). Fitzgerald, *Nature* **51**, 221(1895); Boltzmann, *Nature* **51**, 413, 581(1895).

서론

§1. 기체의 거동에 대한 역학적 유추

클라우시우스는 열역학의 두 가지 근본원리에 근거하는 열의 일반이론과 열이 분자운동이라는 확실한 가정에서 출발하여 이 운동의 성격을 면밀히 기술하고자 하는, 열의 특수이론을 명확히 구별하였다. 열의 일반이론 역시 자연에 대한 단순한 사실들 너머의 가설을 필요로 하지만 열의 특수이론에 비하면 특별한 가정에 대한 의존도가 더 낮다. 그러므로 일반이론을 특수이론과 분리하여, 전자가 후자의 주관적인 가정과 무관하다고 증명하는 것이 바람직하다. 클라우시우스는 이 작업을 이미 잘 수행하여, 이 원리에 의하여 그의 책[5]을 두 개의 부분으로 나누었는데, 이것을 반복하는 것은 쓸모없을 것이다.

5) Clausius, *Abhandlungen über die mechanische Wärmtheorie*(Braunschweig: F. Vieweg, Part I, 1864, Part II, 1867, part III, 1889).

최근에, 열이론의 이 두 가지 분야 사이의 상호관계는 다소간 변화했다. 물리의 여러 현상에서 에너지의 성질이 드러내는 흥미로운 유사성과 차이를 이용한, 소위 에너지학(energetics)이 생겨났고, 이것은 열이 분자운동이라는 관점에서는 사실 불운한 일이다. 잘 알려진 로버트 마이어의 경우에서 볼 수 있듯이, 분자운동으로서 열을 이해하는 관점은 사실 열의 일반이론에는 불필요하다. 에너지학의 차후 발전은 분명 과학을 위해서는 매우 중요하다; 그러나 지금까지 그 개념들은 불명확하고, 그 정리들은 면밀히 기술되지 않아서, 그 결과가 아직 알려져 있지 않은 새로운 특수한 경우를 다루는 데 있어서 옛 이론을 대체할 수 없다.

이러한 점은 전자기이론에서도 마찬가지여서, 특히 독일에서 관례적으로 받아들여지던 원격작용(action at a distance)의 구식의 역학적 설명은 이제 더 이상 유효하지 않다. 사실 맥스웰은 빌헬름 베버의 이론을 매우 존중하는데, 베버의 이론은 정전기 단위와 전자기 단위 사이의 변환인자를 결정하고 이 변환인자와 빛의 속도 간의 관계를 발견함으로써 빛의 전자기이론에 대한 초석을 놓았다. 그러나 전기력의 원격작용에 대한 베버의 역학적 가정이 과학의 발전에 해가 되었음을 인정해야 할 것이다.

열과 원자론에 대한 관점이 영국에서는 별로 변하지 않았다. 그러나 천문학에서 유효했던 중심력의 개념이 인식론적인 요구로까지 일반화(이것은 고약한 일이다.)되어, 맥스웰의 전기이론이 15년 동안이나 주목을 받지 못한 유럽 대륙에서는, 열이 물질의 최소단위들의 운동이라는 가정이 궁극적으로 부정되어 폐기된 것이다.

그렇지만 기체운동론과 중심력 사이의 개념상의 유사성은 순전히 우연한 것이다. 기체론은 사실 맥스웰의 전기이론과 특별한 유사성을 가지고 있다. 기체의 가시적 운동, 점성과 열은 정상상태 또는 거의 이에 해당하는 상태에서 본질적으로 상이한 현상인 것으로 생각되고 있는데, 다른 과도적인 경우(음파의 빠른 전파에 의한 열발생, 매우 희박한 기체[6]의 점성 또는 열전달)에서는 가시적 운동과 열운동을 구별하는 것이 더 이상 불가능하다.(§24 참조) 마찬가지로 맥스웰의 전기이론에서도 경계선상에 있는 경우에는 정전기력과 동전기력 등의 구별이 더 이상 가능하지 않다. 맥스웰의 전기이론이 새로운 사실을 제시한 것이 바로 이러한 전이영역이고, 마찬가지로 기체론 역시 이 전이영역에서 완전히 새로운 법칙으로 이어지는데, 이 법칙은 점성과 열전도 현상을 위해 보정된 유체역학 방정식의 근사적인 식으로 환원되는 듯하다.(§23 참조) 완전히 새로운 이 법칙들은 맥스웰의 16년 된 논문 「희박한 기체의 스트레스(stress)」에서 처음으로 언급되었다. 구식의 유체역학 이론이 설명할 수 없는 현상은 복사계(radiometer)[7]에 관련된 것들이다. 여러 다른 조건과 정량적 관찰하에서 이루어진 연구에 의하면, 이 실험 탐구의 미지 영역에 대한 자극과 설명은 오직 기체론으로부터만 나온 것이다. 마찬가지로, 20년 이상 지속되었던 맥스웰 전기이론의 놀라운 성과도 거의 지적된 바가 없다.

아래의 논의에서 열과 역학적 에너지 사이의 정성적 차이는 제외되겠지만, 위치에너지와 운동에너지의 전통적인 구분은 유지될 것이다. 하지만 이것이 주제의 성격을 본질적으로 바꾸지는 않을 것이다. 기체분자들의 충돌 간 상호작용에 대한 가정은 임시적인 것이어서 차후에는 다른 것으로 치환될 것이다. 나는 또한, 충돌 간에 작용하는 힘 대신에 헤르츠의 사후에 알려진 역학의 방정식만을 필요로 하는, 탄성충돌의 경우보다는 좀 더 일반적인

6) Kundt and Warburg, Ann. Physik [2] **155**, 341(1875).

7) (역자 주) 전자복사의 세기를 측정하기 위한 장치; 대개 적외선 또는 자외선의 세기를 측정함.

기체론을 연구한 바 있다. 그러나 좀 더 임의적인 가정을 세워야 하기 때문에 나는 이 이론을 포기하였다.

경험에 의하면, 특수한 역학 모델에 의해서만 새로운 발견이 이루어진다. 맥스웰 자신도 베버의 이론을 보자마자 그 결함을 알아냈지만, 순수 수학적 모델이라고 그가 불렀던 방법을 초월한 기체론과 역학적 유추의 방법을 열정적으로 추구하였다.

더 명확하고 훌륭한 기술법이 없는 한, 우리는 열의 일반이론을 넘어서서, 그 중요성을 훼손하지 않으면서 오래된 특수 열이론의 가정들을 전개해야 할 것이다. 과학사를 보면 인식론적인 일반화가 틀린 경우가 종종 있었는데, 그렇다면 이 책의 "현대적인" 기술 방식이 특수한 상황이 아닌 일반적인 상황을, 그리고 질적으로 서로 다른 에너지를 구분하지 않는다는 것이 (위에서 열과 역학적 에너지의 정상적인 차이는 제외한다고 하였으니) 과학의 퇴보가 아니겠는가? 누가 미래를 볼 수 있단 말인가? 과학연구는 모든 관점이 필요하니, 원자론이든 반원자론이든, 모든 독단을 버려야 할 것이다! 기체론을 역학적 유추로 기술함에 있어서, 가시적인 물질에서 물체 내의 가장 작은 입자들의 진정한 성질들을 볼 수 있다는 관점으로부터 우리가 이미 얼마나 멀리 온 것인지를 알 수 있는 것이다.

우리는 우선 현대적인 순수 기술법을 취하여 고체와 유체의 내부운동에 대하여 이미 알려져 있는 미분방정식을 받아들일 것이다. 이렇게 하면, 두 고체의 충돌 및 닫힌 용기 내 유체운동과 같은 많은 경우에, 물체의 형태가 단순한 기하학적 형상으로부터 조금이라도 벗어나면 파동이 발생할 것임을 알 수 있을 것이다. 이 파동들은 매우 무작위하게 서로 교차하여, 원래의 가시적인 운동은 최종적으로는 보이지 않는 파동운동으로 될 것이다. 이러한 현상들을 나타내는 방정식들의 수학적 결과로서(어느 정도는 그 자체로도), 파동운동이 최종적으로 변환되는 최소 입자들의 모든 진동운동은 우리가 관찰하는 열과 같은 것이며, 열은 일반적으로 우리에게는 보이지 않는 작은 영역 내의 운동이라는 가설이 성립할 것이다.

이로부터 물체는 수학적 의미로 공간을 연속적으로 채우는 것이 아니라, 너무 작아서 보이지 않는 개개의 분자들로 구성되어 있다는, 매우 오래된 관점에 이르게 되는 것이다. 이에는 철학적 이유가 있다. 실제의 연속체는 무한 개수의 부분들로 이루어져 있어야 하는데, 무한 개수는 정의할 수 없다. 나아가서, 연속체를 가정하기 위해서는 이미 주어진 성질들의 편미분방정식을 상정해야 한다. 하지만 경험적인 테스트가 가능한 편미분방정식과 (헤르츠가 특히 전기이론에서 강조한) 그 방정식들의 역학적 근거를 구별할 필요가 있다. 이로써, 편미분방정식이 제한된 평균값을 갖는 매우 작은 입자들의 운동에 근거를 둠으로써 훨씬 더 큰 설득력을 가질 것이다. 사실, 지금까지 자연현상에 대한 역학적 설명으로는 원자론만이 성공적이었던 것이다.

물체의 불연속성은 나아가서 정량적으로 일치하는 사실들에 의하여 확립되었다. 원자론은 특히 화학과 결정학의 사실들을 이해하는 데 불가결한 것이었다. 어떤 과학적 사실과 개개의 입자들의 대칭 관계 사이의 역학적 유추는 이에 대한 우리의 모든 가변적인 생각(아무리 불변의 사실이라고 우리가 믿는다 해도)을 넘어서는 근원적인 특징에 닿아 있다. 그리하여 별들이 매우 멀리 떨어져 있는 거대한 물체라는 오늘날의 가설 역시 단지 태양의 작용과 다른 천체들의 희미한 시각적인 인식을 표현하는 역학적 유추로 볼 수 있는데, 이러한 유추는 다음의 근거로 비판될 수도 있다. 이 비판의 근거는, 이러한 기술이 우리의 감각을 상상의 물체들로 치환한 것이며, 누구라도 객관적인 사실을 바꾸지 않으면서도 이 상상의 사물들을 또 다른 상상의 세계로 대체할 수 있기 때문이라는 것이다.

나는 다음 장들에서, 열역학 제2법칙이 근거한 사실들과 기체운동의 통계적 법칙 사이의 역학적 유추가 피상적인 유사성 이상임을 증명하고자 한다.

원자론적인 관점의 효용은 키르히호프[8]에 의하여 강조된 바와 같이 — 예를 들면 문자와 소리, 또는 음표와 음정처럼, 기표(signs)와 기의(significates) 사이의 관계와 마찬가지로— 우리의 이론이 자연과 맺는 관계에 무관하게 성립한다. 원자론적인 관점의 효용은 또한, 이론과 자연 사이의 관계를 상기하려는 목적으로 이론을 단순히 기술이라고 불러야 하는지에 대한 의문과도 무관하다. 중요한 것은 단순한 미분방정식이나 원자론이 궁극적으로 현상을 완전히 나타낼 수 있는가 하는 것이다.

만약 역학법칙을 따르는 인접한 많은 입자들을 연속체(continuum)로 보는 것이 물질을 명확히 이해하는 데 도움이 된다는 점을 인정한다면, 열이 분자운동이라는 가정으로 나아갈 수도 있을 것이다. 그렇다면 분자들의 상대적 위치는 힘에 의하여 결정될 것이지만, 그 힘의 근원은 상상에 맡겨야 할 듯하다. 그러나 가시적인 물체에 작용하는 모든 힘들이 분자들에는 동일하게 작용하지는 않을 것이니 이 힘들이 분자들의 상대운동을 일으킬 것이고, 운동에너지는 소멸되지 않으니 분자들의 운동은 영원히 지속될 것이다.

사실, 우리의 경험에 의하면 자유낙하의 경우처럼 힘이 물체의 모든 부분에 동일하게 작용한다면 운동에너지는 눈으로 보이게 된다. 다른 경우들에 있어서는 가시적인 운동에너지의 손실과 그로 인한 열의 발생을 볼 수 있다. 우리는 분자들을 볼 수 없으나, 분자운동은 우리의 촉각을 통하여 열로서 감지된다는 관점은 자명하다. 열은 언제나 분자들의 운동이 빠른 물체로부터 분자운동이 느린 물체로 전달되며, 운동에너지는 소멸되지 않으므로 가

8) Kirchhoff, *Vorlesungen über mathematische Physik I. Mechanik*(Leibzig: B. G. Teubner, 1874).

시적인 운동에너지나 일로 전환되지 않는 한에는 마치 물질처럼 거동하는 것이다. 우리는 고체 내의 분자들을 각각의 위치에서 유지하는 힘이 원격작용인지 혹은 매체를 통하여 전달되는 것인지, 그것이 열운동에 의하여 어떤 영향을 받는지 알지 못한다. 고체가 압축과 인장에 저항하는 것으로 보아서 우리는 고체 내의 분자들이 고정된 위치에 있는, 개략적인 그림을 그릴 수는 있다. 한 분자가 다른 분자에 접근하면 반발되지만, 멀리 떨어져 가면 인력이 작용한다. 따라서 열운동은 분자들이 균형위치 A(그림 1에 분자들의 중심이 나타나 있다.)를 중심으로 직선운동 또는 타원운동을 하도록 한다. 한 분자가 A 위치에서 A′으로 이동하면 인접한 분자 B와 C는 반발하고 D, E는 인력을 작용하여 원래의 균형위치로 돌아오게 만든다. 각각의 분자가 균형위치에서 진동한다면 물체는 고정된 형상을 가질 것이다; 즉 물체는 응집된 고체의 상태에 있을 것이다. 열운동의 유일한 결과로서 분자의 균형위치는 약간 이동할 것이며, 물체는 팽창할 것이다. 그러나 열운동이 더 활발해진다면 분자가 이웃한 분자들 사이에 끼어들어서 위치 A로부터 A″으로 이동하는 지경에 이를 것이다. 분자는 원위치로 돌아가지 못하여 새로운 위치에 머물 것이며, 이 경우에 분자들은 지렁이처럼 서로 기어다니며, 결국 물체는 융해할 것이다. 이런 표현이 부정확하고 유치하게 보일지 모르지만 차후

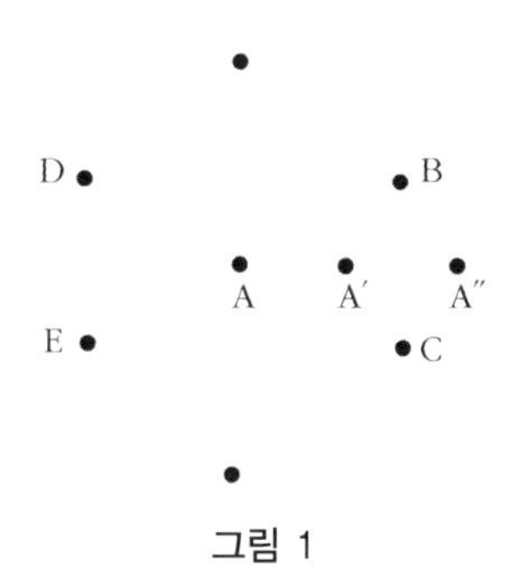

그림 1

에 얼마든지 수정될 수 있을 것이며, 반발력처럼 보이는 것이 운동의 직접적인 결과라고 판명될지도 모른다. 어떤 경우라도 우리는 분자의 운동이 어떤 한계 이상으로 활발해진다면 표면의 분자는 떨어져 나가 공간으로 자유롭게 날아갈 수 있음을, 즉 휘발함을 인정해야 할 것이다. 만약 물체가 폐쇄된 용기 안에 있다면 공간 속에서 자유로운 운동을 하는 분자들로 가득할 것이며, 이 분자들은 이따금씩 다시 물체 안으로 침투할 것이다. 재침투하는 분자들의 수와 휘발하는 분자들의 수가 같아지는 순간 용기는 증기로 포화되는 것이다.

오직 자유운동하는 분자들로 채워진, 충분히 큰 폐쇄된 공간이 기체를 나타낸다. 외부의 힘이 분자들에 작용하지 않는다면 분자들은 총에서 발사된 탄환처럼 일정 속도의 직선운동을 할 것이며, 한 분자가 다른 분자나 벽에 매우 접근하여 지날 때에만 직선운동으로부터 벗어날 것이다. 기체의 압력은 벽에 대한 분자들의 작용으로 해석될 수 있다.

§2. 기체 압력의 계산

이제 그러한 기체를 좀 더 자세하게 고찰해보자. 분자들이 일반 역학법칙을 따르는 것으로 가정하므로, 분자들 간의 충돌 및 벽과의 충돌 시에 운동에너지와 중력중심운동의 보존법칙이 만족되어야 할 것이다. 우리는 분자의 내부 성질에 대해서는 편리한 대로 여러 가지 형상들을 상정할 수 있다; 이 두 가지 원리가 만족되는 한에는, 실제의 기체에 유추되는 역학적 시스템을 얻을 수 있다. 가장 간단한 그림은 분자들이 완전탄성체이고 거의 변형하지 않는 구(球)이며 용기의 벽은 완전히 매끈하며 탄성 표면이라는 것이다. 그러나 필요하다면 다른 힘의 법칙을 가정할 수도 있다. 일반 역학원리에 부합하기만 한다면 그런 법칙은 완전탄성구(球)의 가정과 마찬가지로 적용가능할 것이다. 임의의 모양을 가진 부피 Ω의 용기 내에서 완전탄성구(球)인 기체분자들이 용기 벽에 반사하는 계를 상상해보자. 용기의 벽의 한 부분 AB가 표면적 ϕ를 가진다고 하자. 벽 AB의 안쪽으로부터 바깥쪽으로 수직하게 x축을 설정하자. 이 표면 AB에 수직한 원통이 존재하여, AB가 피스톤처럼 평행이동할 수 있다고 상상하더라도 AB에 가해지는 압력이 변화하지 않는다는 것은 분명하다. 이 피스톤은 분자의 충격에 의하여 실린더 안으로 밀려들어 갈 것이다. 만약 힘 P가 음의 방향으로 바깥에서부터 작용한다면 그 세기는 분자의 충격에 의한 압력과 평형을 이루어, 피스톤은 어떤 방향으로도 움직이지 않을 것이다.

어떤 순간 dt에 피스톤 AB에 충돌하는 몇 개의 분자들이 있을 것이다; 첫 번째 분자는 힘 q_1, 두 번째 분자는 힘 q_2 등이 피스톤의 양의 방향으로 작용할 것이다. 피스톤의 질량을 M, 양의 방향의 속도를 U라 하면, 시간 dt에 있어서 다음 방정식이 성립한다.

$$M\frac{dU}{dt} = -P + q_1 + q_2 + \cdots$$

dt를 곱하고 임의의 시간 t 동안 적분하면

$$M(U_1 - U_0) = -Pt + \sum \int_0^t q dt.$$

P가 압력과 같다면 보이지 않는 운동을 제외하면 눈에 뜨이는 피스톤의 움직임은 없어야 한다. 위의 식에서 U_0는 x 방향의 초기 피스톤 속도, U_1은 시간 t 후의 피스톤 속도를 나타낸다. U_0와 U_1은 매우 작다. 사실, 피스톤은

작은 변동 사이에 주기적으로 동일한 속도를 보일 것이므로 $U_1 = U_0$이도록 시간 t를 선택할 수 있다. 어떠한 경우라도 $(U_1 - U_0)$는 시간에 따라서 계속 증가할 수 없으며, 따라서 $(U_1 - U_0)/t$는 시간이 지나면 0으로 접근할 것이다. 그러므로

$$P = \frac{1}{t} \sum \int_0^t q dt. \quad (1)$$

즉, 압력은 각 분자가 서로 다른 시각에 벽에 가하는 작은 압력들의 총합의 평균값이다. 이제 피스톤이 시간 t 동안 한 개의 분자와 한 번의 충돌에서 발생하는 $\int q dt$를 계산하자. 분자의 질량을 m, x-축 방향의 속도성분을 u라 하자. 충돌은 시간 t_1에 시작하여 $t_1 + \tau$에 종료된다; t_1 이전과 $t_1 + \tau$ 이후에 분자는 피스톤에 압력을 가하지 않는다. 그러면

$$\int_0^t q dt = \int_{t_1}^{t_1 + \tau} q dt.$$

그러나 충돌시간 동안에 분자가 피스톤에 가하는 힘은 피스톤이 분자에 가하는 힘과 크기는 같고 방향은 반대이다;

$$m \frac{du}{dt} = -q.$$

충돌 이전의 분자의 양의 x 성분을 ξ, 충돌 후의 음의 x 성분을 $-\xi$라 하면

$$\int_{t_1}^{t_1 + \tau} q dt = 2m\xi.$$

다른 모든 분자들에 있어서도 마찬가지가 성립하므로 식 (1)로부터 다음 관계가 얻어진다.

$$(2) \qquad P = \frac{2}{t}\Sigma m\xi .$$

$\sum m\xi$는 시간 0과 시간 t 사이에 피스톤에 충돌하는 모든 분자들에 대하여 더한 것이다. 여기에서 시간 0과 시간 t에 피스톤에 충돌하는 분자들은 제외되는데, 각 충돌시간에 비하여 시간 t가 매우 크다면 이 부분은 무시할 수 있다.

용기 내에 한 가지 종류의 기체만이 존재하더라도 모든 기체분자들이 동일한 속도를 가지는 것은 불가능함을 우리는 §3에서 알 수 있을 것이지만, 가장 일반적인 경우를 다루기 위하여 용기 내에 완전탄성구로 반사하는, 다른 종류의 기체들이 존재한다고 가정하자. $n_1\Omega$ 분자들은 질량 m_1과 속도 $c_1 = (\xi_1, \eta_1, \zeta_1)$을 가진다고 하자. 분자들은 용기의 부피 Ω 내에서 평균적으로 균일하게 분포되어, 단위부피당 n_1개의 분자들이 존재한다. 나아가서, 속도성분 $c_2 = (\xi_2, \eta_2, \zeta_2)$, 질량 m_2, $n_2\Omega$개의 분자들, 마찬가지로 $c_3 = (\xi_3, \eta_3, \zeta_3)$, 질량 m_3, $n_3\Omega$개의 분자들, $c_i = (\xi_i, \eta_i, \zeta_i)$, 질량 m_i, $n_i\Omega$개의 분자들이 균일하게 분포되어 있다고 하자. 시간 t 동안 용기 내의 기체는 정상상태에 있어야 하므로, 만약 시간 t 동안 $n_1\Omega$ 분자들 중의 어떤 분자들이 다른 분자들 또는 벽과의 충돌에 의하여 (ξ_1, η_1, ζ_1) 속도성분을 가지지 않게 되더라도, 평균적으로 동일한 개수의 분자들이 동 시간에 같은 속도성분들을 가지게 될 것이다.

우리는 우선 $n_1\Omega$ 분자들 중 시간 t 동안에 평균적으로 몇 개가 피스톤에 충돌하는지를 계산하여야 한다. 짧은 시간 dt 동안에 모든 $n_1\Omega$ 분자들이 성분 $(\xi_1 dt, \eta_1 dt, \zeta_1 dt)$ 방향으로 이동한다고 하자. $\xi_1 < 0$이면 이 분자는 피스톤에 충돌할 수 없다. $\xi_1 > 0$이면 용기 내에 밑면의 넓이가 AB, 옆면이 $c_1 dt$와 길이 및 방향이 같은 기울어진 원통을 구성할 수 있다. 그러면 $n_1\Omega$ 분자들 중에서 오직 초기시간 dt 동안 원통 안에 있었던 분자들만이 dt 동안에 피스톤에 충돌할 것이다. 이 분자 개수를 $d\nu$로 표시하자. 평균적으로 $n_1\Omega$ 분자들은 용기 내부와 벽에까지도 균일하게 분포하는데, 이것은 만약 벽에 반사된 분자들은 마치 벽이 존재하지 않았던 것처럼, 또한 동일한 성질을 가진 다른 기체가 존재하는 듯, 반대방향으로 운동하기 때문이다. 그렇다면 $n_1\Omega$와 $d\nu$ 간의 관계는 Ω와 기울어진 원통의 부피($\phi\xi_1 dt$) 사이의 관계와 같다.[9] 따라서

$$d\nu = n_1\phi\,\xi_1\,dt. \tag{3}$$

이제 용기 내의 기체가 정상상태이므로, 어떤 임의의 시간 t 동안에 $n_1\Omega$ 분자들 중 $n_1\phi\xi_1 dt$개의 분자들이 피스톤에 충돌할 것이다. 질량이 m_1 인 이 분자들의 충돌 전 속도의 x-성분이 ξ이면, 이 분자들은 식 (2)의 합 $\sum m\xi$에

$$\phi\,t n_1 m_1 \xi_1^2$$

만큼 기여한다. 이것은 모든 분자들에 있어서 동일하므로, x-축 방향의 속도 성분이 양인 용기 내 모든 분자들에 대하여 합하면

$$\frac{P}{\phi} = 2\sum n_h m_h (+\xi_h)^2$$

을 얻는다. $P/\phi = p$는 단위면적에 대한 압력이다. 이 식은 ϕ가 무한소일 때에도 성립하므로, 용기 벽이 평면일 필요는 없다. §19에서 증명될 것이지만, 기체의 정상상태에서 분자가 특정 운동방향으로 움직이지 않는다는 가정하에서는 양의 x 방향으로 움직이는 분자들의 개수가 음의 x 방향으로 움직이

9) 이 비례식의 성립 조건에 대해서는 §3을 참조.

는 분자들의 개수와 같다. 음의 ξ_h 값을 갖는 분자들에 의해 나타나는 총압력 $\sum n_h m_h (+\xi_h)$가 양의 ξ_h 값을 갖는 분자들의 총압력과 같을 것이므로, 용기 내의 모든 분자들, 즉 $h=1$부터 $h=i$까지의 모든 값에 대하여 합하면

$$p = \sum_{h=1}^{h=i} n_h m_h \xi_h^2 \tag{4}$$

이다. n_1개의 분자들이 어떤 양 g의 값 g_1을, n_2개의 분자들이 g_2를 … n_i개의 분자들이 g_i 값을 갖는다면 g의 평균값 $\bar{g}$를

$$\frac{\sum_{h=1}^{h=i} n_h g}{n}$$

로 나타내자.

$$n = \sum_{h=1}^{h=i} n_h$$

는 분자들의 총개수이며, p는

$$p = \overline{nm\xi^2}$$

로 얻어진다. 모든 분자들이 같은 질량을 가진다면

$$p = nm\overline{\xi^2} \tag{5}$$

이다. 기체가 모든 방향에 대하여 동일한 성질을 가지므로 $\xi^2 = \eta^2 = \zeta^2$, 또한 각각의 분자에 대하여 $c^2 = \xi^2 + \eta^2 + \zeta^2$이므로 $\overline{c^2} = \overline{\xi^2} + \overline{\eta^2} + \overline{\zeta^2}$이며, $\overline{\xi^2} = = \frac{\overline{c^2}}{3}$이다. 따라서

$$p = \frac{1}{3} nm\overline{c^2}. \tag{6}$$

nm은 단위부피 내의 분자들의 질량, 즉 기체의 밀도이므로

$$p = \frac{1}{3}\rho\overline{c^2}. \tag{7}$$

p와 ρ는 실험적으로 측정가능하므로 $\overline{c^2}$를 계산할 수 있다. 0℃에서 산소, 질소, 수소의 $\sqrt{\overline{c^2}}$ 값은 각각 461, 492, 1844 m/sec이다. 이 속도의 제곱이 분자의 평균제곱속도이다. 이것은 또한, 분자들이 모든 방향의 동일한 속도로 움직이는 경우, 또는 분자들의 1/3이 주어진 표면에 수직한 방향으로 반복 운동하는 한편, 나머지 2/3 분자들은 표면에 평행한 방향으로 운동하는 경우에, 주어진 압력을 나타내기 위하여 모든 분자들이 움직이는 속도이기도 하다. 한편, $\sqrt{\overline{c^2}}$ 는 분자의 평균속도와 비슷하지만 약간의 차이가 있다.(§7 참조)

용기 내에 다른 종류의 기체가 존재할 경우, 단위부피당 분자수를 $n', n'', \cdots$, 질량을 $m', m'' \cdots$, 부분밀도(즉, 그 기체만이 용기 내에 존재할 때의 밀도)를 ρ', ρ'' 으로 표기하자. 식 (4)와 (5)로부터 기체혼합물의 압력은

$$p = \frac{1}{3}n'm'\overline{c'^2} + \frac{1}{3}n''m''\overline{c''^2} + \cdots = \frac{1}{3}(\rho'\overline{c'^2} + \frac{1}{3}\rho''\overline{c''^2} + \cdots) \tag{8}$$

임이 자명하다; 이것은 또한 모든 분압, 즉 그 기체만이 용기 내에 존재할 때의 압력의 합이다.

분자 사이의 상호작용이 유효한 영역이 평균자유행로에 비하여 작다면 분자 간의 충돌 시에 작용하는 힘은 어떤 형태라도 상관없을 것이다. 한편, 분자들은 완전탄성구(球)로 용기 벽에서 반사된다고 가정할 것이지만, 이러한 제약을 §20에서 풀 것이다. 본 절에서 제시된 방정식들은 제2부 §50에서 비리얼 정리를 이용하여 일반적으로 다시 증명될 것이다.

1장
분자는 탄성체 구(球)이다. 외력(外力)과 가시적인 운동이 부재한다

§3. 속도분포법칙에 대한 맥스웰의 증명; 충돌횟수

용기 내에 완전히 동일한 분자들로 구성된 한 가지 종류의 기체가 있다고 하자. 별도의 명기가 없다면, 분자들은 서로 충돌할 때에 완전탄성구(球)로서 거동한다고 하자. 초기에 모든 분자들이 동일한 속도를 가지고 있었더라도, 한 분자의 속도는 중심선에 거의 일치하고 다른 분자의 방향은 중심선에 거의 수직인 충돌이 일어날 것이다. 첫 분자의 방향은 그 결과로 거의 0이 될 것이며, 두 번째 분자의 속도는 $\sqrt{2}$ 만큼 커질 것이다. 분자의 개수가 충분히 크다면 이러한 충돌의 결과 분자들의 속도는 0과 초기속도보다는 훨씬 큰 속도 사이의 모든 값을 가질 것이다; 그렇다면 문제는 최종상태의 분자들의 속도분포, 좀 더 간략하게 말하자면 속도분포법칙을 계산하는 것이다. 이 법칙을 알아보기 위하여 좀 더 일반적인 경우를 생각해보자. 용기 내에 두 가지 종류의 분자들이 있다고 하자. 첫 번째 기체분자들은 질량 m, 두 번째 기체분자들은 질량 m_1을 가진다고 하자. 임의의 시간 t에서의 속도분포는 단위부피 내의 m-분자들의 개수만큼의 (좌표 원점에서부터 시작되는) 수많은 직선들로 나타낼 수 있다. 각 선분의 길이와 방향은 분자의 속도와 같다. 선분의 끝은 분자의 속도점(velocity point)이라고 부르자. 시간 t에서

$$(9) \qquad f(\xi,\eta,\zeta,t)d\xi d\eta d\zeta = fd\omega$$

를 세 가지의 속도성분이 각각

$$(10) \qquad \xi\text{와 } \xi+d\xi,\ \eta\text{와 } \eta+d\eta,\ \zeta\text{와 } \zeta+d\zeta$$

사이에 있는 m-분자들의 개수라 하면, 속도점들은 ξ, η, ζ에 꼭지를 가지며 세 개의 좌표축에 평형한 길이 $d\xi, d\eta, d\zeta$의 평행 육면체일 것이니, 이것을 $d\omega$ 라고 부르자. 또한, $d\xi d\eta d\zeta$를 $d\omega$로, $f(\xi,\eta,\zeta,t)$를 f로 간단히 나타내자. $d\omega$가 임의의 모양을 가진 (아직 무한소의 부피를 가진) 부피요소(volume element)라 하면, $d\omega$ 내에 속도점을 가진 m-분자들의 개수는 $d\omega$를 더 작은 평행 육면체로 나눈다면

$$(11) \qquad f(\xi,\eta,\zeta,t)d\omega$$

와 같음을 알 수 있을 것이다. 만약 어느 시점 t에서 함수 f를 알 수 있다면 t에서의 m-분자들의 속도분포가 결정된다. 마찬가지로 m_1-분자들의 속도를 속도점으로 나타낼 수 있어서,

$$(12) \qquad F(\xi_1,\eta_1,\zeta_1,t)d\xi_1 d\eta_1 d\zeta_1 = F_1 d\omega_1$$

을 세 가지의 속도성분이 각각

$$(13) \qquad \xi_1\text{과 } \xi_1+d\xi_1,\ \eta_1\text{과 } \eta_1+d\eta_1,\ \zeta_1\text{과 } \zeta_1+d\zeta_1$$

사이에 있는 m_1-분자들의 개수라 하면, 속도점들은 $d\omega_1$의 평행 육면체 내

에 있게 될 것이다. 마찬가지로, $d\xi_1 d\eta_1 d\zeta_1$를 $d\omega_1$으로, $F(\xi_1, \eta_1, \zeta_1, t)$를 F_1으로 간단히 나타내자. 나아가서, 어떠한 외부의 힘도 완전히 배제하고, 벽면이 완전히 매끄러우며 완전탄성이라 가정하자. 그러면 벽에서 반사된 분자들은 마치 기체의 거울상으로부터 나오는 것처럼 운동할 것이며, 벽면은 반사표면으로 생각되어도 될 것이다. 이 가정에 의하면 용기 내부의 어디에서도 마찬가지의 조건이 적용될 것이며, 속도성분이 식 (10)으로 규정되는 한계를 만족하는 부피요소 내의 기체분자들의 개수가 초기에 기체 내의 어디에서나 동일하다면, 어떤 시간에서도 마찬가지일 것이다. 그러면 조건 (10)을 만족하는 m-분자들의 개수는 부피 Φ에 비례할 것이며, 즉

$$\Phi f d\omega \tag{14}$$

일 것이다. 마찬가지로 조건 (13)을 만족하는 m_1-분자들의 개수는

$$\Phi F_1 d\omega_1 \tag{14a}$$

일 것이다. 이 가정에 의하면 자체의 운동에 의하여 용기 내의 어떤 공간을 떠나는 분자들은 인접한 공간의 동일한 개수의 분자들 또는 용기 벽에서 반사되는 동일한 개수의 분자들로 대체되며, 속도분포는 분자 자체의 운동이 아닌 충돌에 의해서만 변화할 수 있음을 알 수 있다. §15~§18에서는 중력과 기타의 힘들에 의한 효과를 고려하여, 현재 계산의 편의상 취하고 있는 이 제약적인 조건들에 상관없는 논의를 전개할 것이다.

다음으로, 우리는 m-분자들과 m_1-분자들 사이의 충돌만을 생각하고자 하며, 시간 dt 동안에 일어날 수 있는 충돌 중에서 다음의 조건들을 만족하는 것만을 취급하고자 한다.

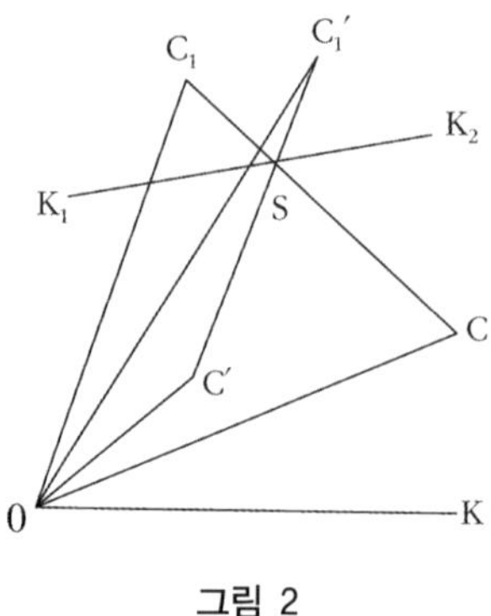

그림 2

1. m-분자들의 충돌 전 속도성분이 식 (10)의 범위, 즉 평행육면체 $d\omega$ 내에 있다.
2. m_1-분자들의 충돌 전 속도성분이 식 (13)의 범위, 즉 평행육면체 $d\omega_1$ 내에 있다.

   첫 번째 조건을 만족하는 모든 m-분자들을 "지정된 종류의 m-분자들"이라 부르고, 두 번째 조건을 만족하는 모든 m_1-분자들을 "지정된 종류의 m_1-분자들"이라 부르자.
3. 중심이 좌표 원점에 놓이도록 단위 반지름을 가진 원을 만들고, 그 표면에 표면요소 $d\lambda$를 만들자. m-분자에서 시작하여 m_1-분자에 이르는 분자들의 중심선은 충돌 시에, 원점으로부터 $d\lambda$ 위의 어떤 점에 이르는 선에 평행할 것이다. 이 선들의 집합이 원추 $d\lambda$를 형성할 것이다.

$$\text{원추 } d\lambda \text{ 내의 방향 } mm_1. \tag{15}$$

이 조건들을 만족하는 모든 충돌을 "지정된 종류의 충돌"이라 하면, 문제는 단위부피당, 시간 dt 동안에 일어날 수 있는 모든 지정된 종류의 충돌의 횟수를 결정하는 것이다. 이러한 충돌을 그림 2에 나타내었다. 원점을 O, 두 분자의 충돌 전 속도를 C, C_1이라 하면, 선분 OC, OC_1은 충돌 전 두 분자들의 속도의 크기 및 방향을 나타낸다. 점 C는 평행육면체 $d\omega$ 내에, 점 C_1은 평행육면체 $d\omega_1$ 내에 있게 된다.(두 평행육면체는 그림에 나타내지 않았다.) 충돌 시 (m으로부터 m_1으로 향하는) 두 분자들의 중심선 방향의 단위길이를 가진 선분을 OK라 하면, K는 (역시 그림에 나타내지 않은) 표면요소 $d\lambda$ 내에 있게 된다. 선분 C_1C의 좌표축에 대한 투사는 각각 $\xi-\xi_1, \eta-\eta_1, \zeta-\zeta_1$이므로, $C_1C = g$는 충돌 전 m_1-분자에 대한 m-분자의 상대속도를 나타낸다. 충돌횟수가 상대속도에 의존함은 명백하다. 그러므로 지정된 종류의 충돌횟수를 구하려면 지정된 m_1-분자가 정지되어 있고 m-분자가 속도 g로 움직인다고 상상하면 되는 것이다. 또한 반지름 σ의 구(球 σ)가 각 m-분자에 붙어 있어서 그 중심이 항상 분자중심과 일치한다고 하면, σ는 두 분자의 반지름의 합과 같다. 이 구의 표면이 m_1-분자의 중심에 닿을 때마다 충돌이 일어난다. 이제 각 구(球) σ의 중심으로부터 원추 $d\lambda$와 모양과 위치가 비슷한 원추를 그리면, 면적 $\sigma^2 d\lambda$의 표면요소를 각 구의 표면으로부터 잘라낼 수 있다. 모든 구가 분자중심에 단단히 붙어 있으므로, 이 표면요소는 지정된 m_1-분자에 대하여 gdt의 거리를 이동한다. 이 표면요소들 중 하나가 지정된 m_1-분자의 중심에 닿을 때마다 지정된 충돌이 일어나는데, 이것은 물론 C_1C와 OK가 이루는 각 θ가 예각일 때이다. 각 표면요소는 m_1-분자를 향한 상대운동에 의하여 밑면의 넓이 $\sigma^2 d\lambda$, 높이 $g\cos\theta\, dt$의 기울어진 원통을 휩쓸게 되는데, 단위부피당 지정된 종류의 분자가 $fd\omega$개 존재하므로, 모든 표면요소들에 의하여 휩쓸린 기울어진 원통의 총부피는

(16) $$\Phi = fd\omega\sigma^2 g\cos\theta d\lambda dt.$$

부피 Φ 내의 지정된 m_1-분자들의 모든 중심들은 시간 dt 동안에 $\sigma^2 d\lambda$의

표면요소에 닿을 것이며, 충돌수 $d\nu$는 dt의 초기에 Φ 내에 있었던 지정된 모든 m_1-분자들의 중심들의 개수 Z_Φ와 같다. 그러나 식 (14a)에 따르면 이것은

$$Z_\Phi = \Phi F_1 d\omega_1. \tag{17}$$

버베리[10]가 명확히 지적했듯, 이 식에는 특수한 가정이 포함되어 있다. 역학적 관점으로 본다면, 용기 내의 분자들은 어떠한 배치도 가질 수가 있다; 이러한 배치에서는 용기 내의 한 부분의 기체분자들의 운동을 결정하는 변수(예를 들면 밀도, 평균속도)들의 평균값은 다른 부분의 평균값과 다를 수 있다. 이러한 분포를 몰-분포(molar-ordered)라 하자. 식 (14)나 (14a)가 몰-분포에 해당한다. 분자배치에 의하여 용기의 한 부분과 다른 부분 사이의 규칙성이 없더라도—즉, 기체 상태가 몰-분포라도— 둘 이상 작은 수의 분자들이 명확한 규칙성을 보일 수 있다. 이러한 종류의 규칙성을 보이는 분포를 우리는 분자-분포라 하자. 가능한 수많은 경우 중에서 예를 들자면, 각 분자가 가장 가까운 이웃 분자를 향하여 움직이거나, 또는 속도가 주어진 범위 내에 있는 각 분자가 가장 가까운 주위에 훨씬 속도가 느린 열 개의 분자들을 이웃으로 가지고 있다면, 그것은 분자-분포라 할 것이다. 이 분자들의 집합이 용기 내의 특정한 부분에 국한되지 않고 용기 내 모든 부분에 평균적으로 퍼져 있다면 몰-분포라 할 것이다. 그러면 식 (14)나 (14a)는 각 분자들에 항상 성립되겠지만, m-분자들 사이의 거리가 m_1-분자들이 공간 Φ 내에 있을 확률의 영향을 받으므로, 식 (17)은 성립하지 않을 것이다. 그러므

10) Burberry, *Nature* **51**, 78(1894). 또한 Boltzmann, *Weitere Bermerkungen über Wärmetheorie,* Wien, Ber. 78(June 1878), 마지막으로부터 세 번째 및 첫 번째 쪽을 참조.

로 공간 Φ 내에 m_1-분자들이 존재하는 경우는 m-분자들 사이의 거리에 독립적인 사상으로 간주될 수 없다. 방정식 (17)과 m- 및 m_1-분자들에 동일한 충돌방정식이 적용된다는 것은, 즉 분자-분포가 아니라는 것을 시사한다.

평균자유행로가 인접한 분자들 사이의 평균거리에 비하여 크다면, 짧은 시간 후에는 완전히 다른 분자들이 인접하게 될 것이다. 분자-분포되어 있지만 몰-분포가 아닌 상태는 즉시 분자-분포로 변환될 것이다. 각 분자는 충돌 사이에 멀리 이동하므로 일정한 운동상태의 다른 분자가 두 번째로 충돌하는 장소에 나타나는 사상은 (통계적 계산에 있어서) 첫 번째 분자가 온 지점과는 완전히 독립적일 것이다.(이것은 첫 번째 분자의 운동상태도 마찬가지이다.) 그러나 우리가 초기 조건을 각 분자의 경로에 대한 이전의 계산에 근거하여 선택하여, 의도적으로 확률법칙을 위반한다면, 우리는 물론 지속적인 규칙성을 유발할 수 있거나 또는 특정한 시각에 분자-분포를 구축할 수 있는 것이다. 키르히호프[11] 역시 그의 확률 개념에서, 상태가 분자-분포되어 있다는 것을 가정하였다.

엄밀한 증명을 위해서 이 가정을 명시하는 것이 필요하다는 점은 나의 이른바 H-정리 또는 최소이론(minimum theory)에서 논의되었다. 그러나 이 가정이 오직 정리의 증명을 위해서만 필요하다고 믿는 것은 큰 잘못일 것이다. 천문학자가 모든 행성들의 위치를 계산하는 것이 불가능한 것처럼, 각 시각에서 모든 분자들의 위치를 계산할 수는 없으므로, 기체이론의 정리들을 이 가정 없이 증명하는 것은 불가능하다. 기체의 점성, 열전도도의 계산이 이러한 가정하에서 이루어지며, 이로써 맥스웰의 속도분포법칙이 가능한 것

11) Kirchhoff, *Vorlesungen über Wärmetheorie,* 14th lecture, §2, p. 145, line 5.

이다—즉, 일단 기체속도분포가 형성되면 무한 시간 후에도 지속될 것이라는— 라는 사실을 증명하려면 반드시 이 가정이 필요하다.(속도분포가 항상 분자-분포라는 것을 증명할 수 없으므로) 사실, 맥스웰의 상태가 어떤 다른 상태로부터 발생했다면, 그 다른 상태는 충분히 긴 시간 후에 재현될 것이다.(§6의 후반부 참조) 그러므로 맥스웰의 상태에 가까운 상태는 최종적으로 완전히 다른 상태로 변환될 수 있는 것이다. 최소이론이 무질서의 가정에 결부된다는 사실이 이론의 결함이라기보다는, 오히려 이 가정이 필요하다는 사실을 명확히 한다는 의미에서 장점이라고 보아야 할 것이다.

이제 분자운동이 몰-분포가 아닌 동시에 분자-분포이며, 항상 그러할 것이라는 가정을 명확히 하자. 그러면 방정식 (17)이 성립할 것이어서,

$$(18) \qquad d\nu = Z_{\phi} = \Phi F_1 d\omega_1 = f d\omega F_1 d\omega_1 \sigma^2 g \cos\theta d\lambda dt$$

는 단위부피 내 dt 시간 동안의 특정한 종류의 충돌수이다. 우리는 각 충돌에서 최소한 한 가지의 성분이 유한한 만큼 변화하는 경우만 취급할 것이므로, 그 횟수가 고차의 무한소인 스치는(grazing) 충돌을 무시할 것이다. 각각의 충돌에서, 속도성분이 식 (10)으로 규정되는 한계를 만족하는 부피요소 내의 m-분자들(이것을 지정된 종류의 m-분자라 하자.)의 개수 $fd\omega$ 및 m_1-분자들의 개수 $F_1 d\omega_1$은 1만큼 감소할 것이다. m-분자들과 m_1-분자들 간의 모든 충돌의 결과로 시간 dt 동안 $fd\omega$에 의하여 발생하는 감소량 $\int d\nu$를 (중심선의 크기 및 방향에 대한 제약 없이) 계산하려면 방정식 (18)에서 ξ, η, ζ, $d\omega$ 및 t를 상수로 보아서 모든 가능한 값의 $d\omega_1$과 $d\lambda$에 대하여 —모든 공간에 대하여 $d\omega_1$을 θ가 예각인 경우의 모든 표면요소에 대하여— 적분해야 할 것이다. 이 적분의 결과를 $\int d\nu$라 하자.

m-분자들 사이의 충돌에 의하여 발생하는 $fd\omega$의 감소량 dn은 마찬가지 방식으로 주어질 것이다; 또 하나의 m-분자의 속도성분을 ξ_1, η_1, ζ_1으로 표기하자. $d\nu$ 대신에 dn을 사용하는 경우, m_1을 m으로, 함수 F를 f로, 지름 σ를 s로 교체한다는 점을 제외하면 모든 다른 양들은 동일한 의미를 가진다.

$$dn = ff_1 d\omega d\omega_1 s^2 g \cos\theta d\lambda dt. \tag{19}$$

여기에서 f_1은 $f(\xi_1, \eta_1, \zeta_1, t)$를 의미한다. 시간 dt 동안의 m-분자들 사이의 충돌에 의하여 발생하는 $fd\omega$의 총감소량 $\int dn$을 얻으려면 $(\xi_1, \eta_1, \zeta_1, d\omega, t)$를 상수로 보아서 모든 가능한 값의 $d\omega_1$과 $d\lambda$에 대하여 적분해야 할 것이다. dt 동안의 총감소량 $fd\omega$는, 따라서 $\int d\nu + \int dn$일 것이다. 만약 기체가 정상상태에 있다면, 이것은 초기에는 속도가 조건 (10)을 만족하지 않았지만 dt 동안의 충돌에 의하여 조건 (10)을 만족하게 되는 m-분자들의 개수와 같을 것이다. 즉, $\int d\nu + \int dn$은 이 충돌들로부터 발생하는 $fd\omega$의 총증가량과 같을 것이다.

§4. 계속: 충돌 후의 변수값; 다른 종류의 충돌

이 증가량을 얻기 위하여 지정된 두 분자 간의 충돌 후의 속도를 구할 것이다. 질량이 m인 분자의 충돌 전 속도성분이 ξ, η, ζ, 질량이 m_1인 분자의 속도성분이 ξ_1, η_1, ζ_1이라 하자. m으로부터 m_1을 향하는 중심선은 m_1에 대한 m의 상대속도와 각 θ를 이룬다. 이 두 선분들로 형성되는 평면과 다른 평면—예를 들면 충돌 전 속도들로 형성되는— 사이의 각 ϵ가 주어진다면, 이 충돌은 완전하게 지정된다. 충돌 후 두 분자들의 속도성분 ξ', η', ζ' 와 $\xi_1', \eta_1', \zeta_1'$ 은, 따라서 여덟 개의 변수 $\xi, \eta, \zeta, \xi_1, \eta_1, \zeta_1, \theta, \epsilon$ 의 함수로 나타낼 수 있다.

$$(20) \qquad \begin{cases} \xi' = \psi_1(\xi, \eta, \zeta, \xi_1, \eta_1, \zeta_1, \theta, \epsilon) \\ \eta' = \psi_2(\xi, \eta, \zeta, \xi_1, \eta_1, \zeta_1, \theta, \epsilon). \\ \qquad \cdots\cdots \end{cases}$$

그러나 방정식 (20)을 대수적인 방식보다는 기하학적 방식으로 전개하는 것이 더 좋을 듯하며, 그림 2를 보면 이것을 잘 알 수 있다. 선분 C_1C를 S점에서 이등분하여

$$C_1S : CS = m : m_1$$

으로 하면, 선분 OS는 두 분자들의 공통 질량중심의 속도를 나타내고, 좌표축에 대한 그 속도성분들은

$$(21) \qquad \frac{m\xi + m_1\xi_1}{m + m_1}, \frac{m\eta + m_1\eta_1}{m + m_1}, \frac{m\zeta + m_1\zeta_1}{m + m_1}$$

이다. 그러나 이것은 질량중심의 속도성분에 다름 아니다. C_1C가 m_1에 대한 m 분자의 상대속도인 것처럼, SC와 SC_1은 충돌 전 공통 질량중심에 대한 두 분자들의 상대속도이다. 이 상대속도들의 중심선 OK에 수직한 성분들은 충돌에 의하여 변화하지 않는다. 충돌 전 OK 방향의 성분은 p, p_1, 충돌 후 성분은 p', p'_1이다. 질량중심의 운동량보존법칙에 의하면

$$mp + m_1p_1 = mp' + m_1p_1' = 0$$

이고, 운동량에너지 보존법칙에 의하면

$$mp^2 + m_1p_1^2 = mp'^2 + m_1p_1'^2.$$

따라서

$$p' = p, \quad p_1' = p_1,$$

또는

$$p' = -p, \quad p_1' = -p_1$$

이다. 충돌 후 분자들은 서로 멀어져야 하므로 두 번째 관계만이 옳음을 알 수 있으며, $K_1K_2 \parallel OK$ 방향의, 질량중심에 대한 상대속도 두 성분들은 충돌의 결과 반대편으로 향한다.

이로부터 충돌 후 두 분자들의 속도의 크기 및 방향을 나타내는 선분 OC'과 OC_1'을 설정할 수 있다. S를 지나는 선 K_1K_2를 그리고 나서, K_1K_2 및 C_1C로 형성되는 평면상에 두 선분(각각 크기가 SC, SC_1과 같은, 그리고 K_1K_2의 반대쪽에 동일하게 기울어져 있는) SC'과 SC_1'을 그린다. 이 두 선분들의 종점들은 동시에 원하는 선분들 OC'과 OC_1'의 종점들과 일치하며, 또한 충돌 후 두 분자들의 속도성분이라 할 수도 있다. 좌표축에 대한 OC'과 OC_1'의 투사는 따라서 충돌 후 두 분자들의 속도성분 ξ', η', ζ' 및 $\xi_1', \eta_1', \zeta_1'$이다. 이러한 기하학적 관점은 함수 (20)의 대수적 취급을 완전하게 치환할 수 있다. C_1', S, C'은 직선상에 놓인다. 전문 $C_1'C'$은 충돌 후 m_1에 대한 m-분자의 상대속도이며, 그 길이는 C_1C와 같고 OK와 이루는 각은 $180° - \xi$이다.

지금까지는 한 가지 지정된 충돌 후의 속도를 생각해보았지만, 이제 모든 종류의 지정된 충돌—즉, 충돌 전에 조건 (10), (13), (15)를 만족하는 충돌—을 생각하여, 이 충돌 후의 변수값들이 어떤 범위에 있게 되는지 알아보자. 시간 간격이 무한소라고 가정하므로, 중심선의 방향은 충돌 전과 충돌 후에 동일하니, 문제는 충돌 후에 속도성분 ξ', η', ζ' 및 $\xi_1', \eta_1', \zeta_1'$들이 어느 범위 안에 있는지를 알아보면 될 것이다. 식 (20)을 계산했더라면 θ와 ϵ를 상수로, ξ, η, ζ 및 ξ_1, η_1, ζ_1를 독립변수로 하여, 야코비안(Jacobian) 행렬식을 이용,

$d\xi' d\eta' d\zeta' d\xi_1' d\eta_1' d\zeta_1'$ 을 $d\xi d\eta d\zeta d\xi_1 d\eta_1 d\zeta_1$ 로 나타낼 수 있었을 것이다. 그렇지만 우리는 기하학적 관점을 더 선호하므로, OK가 변하지 않도록 C와 C_1이 부피요소 $d\omega$ 및 $d\omega_1$을 나타내게 한다면, C' 과 C_1' 은 어떤 부피요소로 나타나게 되는지를 물어야 할 것이다. 그림의 완전한 대칭으로 보자면, C_1' 은 $d\omega_1$의 거울상인 합동의 평행육면체로 나타난다. 마찬가지로, 만약 C_1이 고정되어 있고 점 C가 평행육면체 $d\omega$를 휩쓸고 간다면, 점 C' 도 $d\omega$에 합동인 평행육면체 $d\omega$를 휩쓸고 갈 것이다. 우리가 전에 지정된 충돌이라 불렀던 모든 충돌에 대하여 m-분자의 속도점은 충돌 후에 $d\omega'$ 평행육면체 내에, m_1-분자의 속도점은 $d\omega_1$ 평행육면체 내에 있을 것이며, 항상 $d\omega' d\omega_1' = d\omega d\omega_1$ 일 것이다. 함수 (20)을 명시적으로 계산하여 함수 행렬식[12)]

$$\sum \pm \frac{\partial \xi'}{\partial \xi} \frac{\partial \eta'}{\partial \eta} \cdots \frac{\partial \zeta_1'}{\partial \zeta_1}$$

을 만들어도 마찬가지의 결과가 얻어질 것이다.

이제 우리가 반대 종류의 충돌이라 부를, 다른 종류의 충돌—m-분자와 m_1-분자 사이의 충돌—을 생각해보자. 이 충돌의 특징은 다음과 같은 조건으로 주어진다:

1. m-분자의 속도점은 충돌 전에 $d\omega'$ 부피요소 내에 존재한다; 이 조건을 만족하는 부피요소 내에 있는 m-분자의 개수는 식 (9)에서 유추하

12) Wien, Ber. **94**, 625(1868); Stankevitsch, Ann. Physik [3] **29**, 153(1886). 각 θ와 ϵ가 위치 c, c_1에 의존한다는 사실은 본문의 논의를 약하게 만들지 않는다. θ와 ϵ 대신에, 공간 내 선분 OK의 절대적 위치를 결정하는 두 개의 각을 도입하고, $\xi, \eta, \cdots \zeta_1$을 $\xi_1', \eta_1', \cdots \zeta_1'$ 으로 변환한 후에 다시 각 θ와 ϵ를 도입하면 된다.

면 $f' d\omega'$ 이며, 여기에서 f' 은 ξ, η, ζ를 ξ', η', ζ' 로 치환했을 때의 값, 즉 $f(\xi', \eta', \zeta', t)$ 이다.

2. m_1-분자의 속도점은 충돌 전에 $d\omega_1'$ 부피요소 내에 존재한다; 이 조건을 만족하는 단위부피 내에 있는 m_1-분자의 개수는 식 (9)에서 유추하면 $F_1' \, d\omega_1'$ 이며, 여기에서 F_1' 은 $F(\xi_1', \eta_1', \zeta_1', t)$ 이다.
3. 충돌 시 m_1-으로부터 m-으로 향하는 두 분자들의 중심선은 원추 $d\lambda$ 내에, 원점으로부터 시작되는 임의의 선에 평행하다.(동일한 분자 사이의 충돌을 일컫는 적분에서는 질량 m_1의 분자 대신에 속도성분이 ξ_1, η_1, ζ_1인 m-분자가 해당될 것이다.)

그림 3은 그림 2와 동일한 충돌을 나타내지만, 선들 사이의 거리를 최대로 고정한 것이다. 그림 4는 반대편의 충돌을 나타낸다. 분자중심을 향한 화살표는 언제나 충돌 전의 속도를 나타내며, 분자중심에서 멀어져 가는 화살표는 충돌 후의 속도를 나타낸다. 다른 종류의 모든 충돌에서 m_1에 대한 m-분자의 충돌 전 상대속도는 그림 2의 $C_1' C'$ 으로 나타난다. 그 크기는 g이며, 중심선의 방향을 바꾸었으므로 m 에서 m_1 으로 향하는 중심선과 θ의 각을

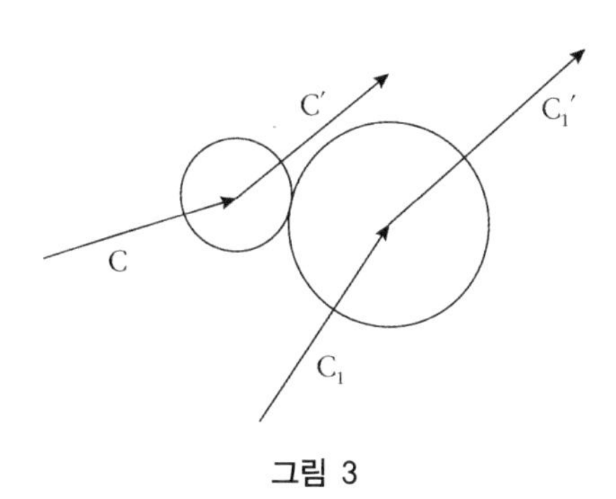

그림 3

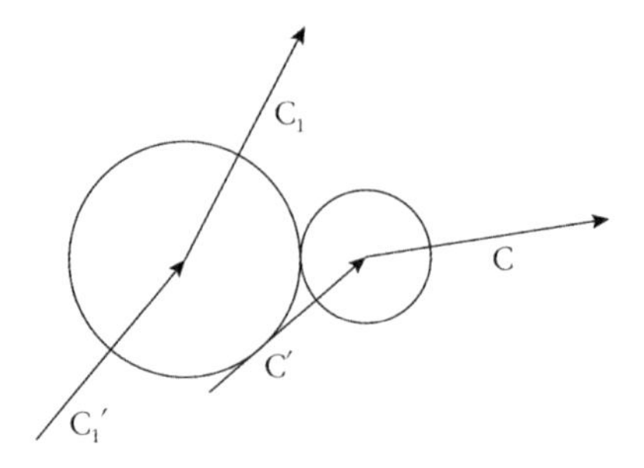

그림 4

이룬다. 충돌이 가능하려면 각 θ는 물론 예각이어야 한다. 시간 dt 동안의 단위부피당 반대편의 충돌수는 (18)에 따라서

$$dν' = f' F_1' dω' dω_1' σ^2 g \cos θ dλ dt. \tag{22}$$

이다. 이 충돌들을 '반대편'이라고 부르는 이유는 그 궤적이 원래 지정된 충돌과 반대방향이어서, 이러한 충돌 후의 속도범위가 원래 지정된 충돌 전의 속도 범위인 (10), (13)과 일치하기 때문이다. 반대편의 충돌수는 $fdω$와 $F_1 dω_1$을 1만큼 증가시킨다. 시간 dt 동안의 m-분자와 m_1-분자 사이의 충돌로 인한 $fdω$의 증가량을 구하려면 우선 $ξ', η', ζ', ξ_1', η_1', ζ_1'$을 $ξ, η, ζ, ξ_1, η_1, ζ_1, θ$ 및 $ϵ$로 나타내야 한다. $dω' dω_1' = dω dω_1$이므로

$$dν' = f' F_1' dω dω_1 σ^2 g \cos θ dλ dt. \tag{23}$$

이 식에서 문자 $f', F_1', dλ$를 간략하게 표시하고, 그러나 그 독립변수들인 $ξ', η', ζ', ξ_1', η_1', ζ_1'$은 $ξ, η, ζ, ξ_1, η_1, ζ_1, θ, ϵ$와 또한 두 각 $θ, ϵ$와의 미분을 통하여 $dλ$의 함수임을 기억해야 할 것이다. $dλ = \sin θ dθ dϵ$임은 잘 알려져 있다. 미분식 (23)에서 $ξ, η, ζ, dω$ 및 dt를 상수로 보고 모든 가능한 $dω_1$과 $dλ$에 대

하여 적분하자. 이렇게 하면 m-분자와 m_1-분자 사이의 모든 충돌이 포함되어, 그 충돌 전 속도가 (10)의 범위 내에 있게 되지만, 다른 제약은 없게 된다. 이 적분의 결과 $\int d\nu'$는 따라서 시간 dt 동안의 m-분자와 m_1-분자 사이의 모든 충돌로부터 발생하는 $fd\omega$의 증가량이다. 마찬가지로, m-분자들 사이의 충돌에 의한 $fd\omega$의 증가량 $\int dn'$ 은

$$(24) \qquad dn' = f' f_1' d\omega d\omega_1 s^2 g \cos\theta d\lambda dt$$

이다. F_1' 은 $F(\xi_1', \eta_1', \zeta_1', t)$를 축약한 것이다. 질량 m의 분자들의 충돌 후 속도성분들인 $\xi', \eta', \zeta', \xi_1', \eta_1', \zeta_1'$ 은 $\xi, \eta, \zeta, \xi_1, \eta_1, \zeta_1, \theta, \epsilon$의 함수이며, 초기조건 (10), (13), (15)에 의하여 결정된다.

$fd\omega$의 총증가량에서 총감소량을 빼면, 시간 dt 동안의 $fd\omega$의 실제변화

$$\frac{\partial f}{\partial t} = d\omega dt$$

를 얻는다.

$$\frac{\partial f}{\partial t} dt d\omega = \int d\nu' - \int d\nu + \int dn' - \int dn$$

적분 $\int d\nu'$ 과 $\int d\nu$, $\int dn'$ 과 $\int dn$에서 적분변수는 각각 동일하다. 이 적분들을 합하여 전체식을 $d\omega dt$로 나누면 식 (18), (19), (23), (24)로부터

$$(25) \quad \frac{\partial f}{\partial t} = \int (f' F_1' - fF_1) \sigma^2 g \cos\theta d\omega_1 d\lambda + \int (f' f_1' - ff_1) s^2 g \cos\theta d\omega_1 d\lambda.$$

적분은 모든 $d\omega_1$과 $d\lambda$의 가능한 값에 대하여 행해진다. 마찬가지로 함수 F에 대하여

$$(26)\quad \frac{\partial F_1}{\partial t} = \int (f'F_1' - fF_1)\sigma^2 g\cos\theta d\omega d\lambda + \int (F'F_1' - FF_1)s_1^2 g\cos\theta d\omega d\lambda$$

를 얻는다. 여기에서 s_1은 m_1 분자의 지름이다; 식 (26)에서 ξ_1, η_1, ζ_1은 임의의 상수값이며, ξ, η, ζ의 모든 가능한 값에 대하여 적분한다. 첫 번째 적분에 $\xi', \eta', \zeta', \xi_1', \eta_1', \zeta_1'$은 m_1에 대한 m의 질량을 가진 분자와 질량 m_1의 분자 사이의 지정된 종류의 충돌이 일어난 후의 속도성분들이며, 두 번째 적분에서는 두 분자가 질량 m_1을 가진 경우이다. $\partial F_1/\partial t$, F, F'은 각각 $\partial F(\xi_1, \eta_1, \zeta_1, t)/\partial t$, $F(\xi, \eta, \zeta, t)$, $F(\xi', \eta', \zeta', t)$를 나타낸다.

계가 정상상태에 있으려면 $\frac{\partial f}{\partial t}$와 $\frac{\partial F_1}{\partial t}$는 모든 변수값에 대하여 0이어야 할 것이다. 이것은 적분 내의 모든 적분함수가 모든 적분변수들의 값에 대하여 0일 때 가능하다. 따라서 m-분자들 사이의 모든 충돌, m_1-분자들 사이의 모든 충돌 및 m-분자들과 m_1-분자들 사이의 모든 충돌에 대하여 다음의 세 방정식이 성립한다.

$$(27)\qquad ff_1 = f'f_1',\ FF_1 = F'F_1',\ fF_1 = f'F_1'.$$

원래 지정된 충돌의 확률은 식 (18)로 주어지고, 반대편 충돌의 확률은 식 (23)으로 주어지므로, 식 (27)이 일반적으로 성립한다는 것은 $d\omega$, $d\omega_1$, $d\lambda$가 어떠한 값을 갖더라도, 원래 지정된 충돌(간단히, '직접' 충돌이라 하자.)의 확률은 반대편 충돌의 확률과 같다는 것을 의미한다. 즉, 두 분자들이 어떤 방식으로 서로 멀어질 확률과 반대편으로 충돌할 확률이 동일하다는 것이다. 이것은 식 (27)의 다른 부분들에서 볼 수 있듯이, m 분자들 사이의 충돌, m_1 분자들 사이의 충돌에 대해서도 성립한다. 그러나 분자들이 서로 멀어질 확률과 반대방향의 충돌의 확률과 같다면 상태의 분포는 정상적(stationary)임을 즉시 알 수 있다.

§5. 맥스웰의 속도분포만이 가능함의 증명

방정식 (27)의 해는 필연적으로 맥스웰의 잘 알려진 속도분포에 이르게 되는데, 그것이 별로 어렵지 않지만, 이에 대한 논의는 뒤로 미루겠다. 이 경우에 모든 적분 속의 함수들이 0이 되므로, 두 개의 양 $\partial f/\partial t$와 $\partial F/\partial t$는 0이 된다. 이제 맥스웰의 속도분포가 일단 이루어지면 차후의 충돌에 의하여 바뀌지 않는다는 것을 보이면 되겠다. 방정식 (25)와 (26)이, 모든 적분변수들의 값에 대해서 적분변수들을 0으로 만들지 않는 다른 함수들에 의하여 만족될 수 없다는 사실은 아직 증명되지 않았다. 그러한 가능성을 별로 중요시하지 않을 수도 있겠지만, 그 증명이 엔트로피 원리와 다소 흥미로운 관련을 가지기에 나는 H. A. 로렌츠에 의하여 제시된 형식으로 재현하고자 한다.

위에서 다룬 기체혼합물과 그에 관련된 용어들을 다시 사용하도록 하자. 또한, 함수 f와 F의 로가리즘을 $\log f$와 $\log F$로 표기하자. 함수 $\log f$에서 ξ, η, ζ 대신에 시간 t에서 질량 m 인 분자의 속도성분을 치환하여 결과로 얻는 결과를, 이 경우에 해당하는 로그 함수 $\log f$의 값이라고 부르자. 마찬가지로, 함수 $\log F_1$ 에서 ξ_1, η_1, ζ_1 대신에 질량 m_1 인 분자의 속도성분을 치환하여 결과로 얻는 결과를 로그 함수 $\log F_1$ 의 값이라고 하자. 그러면 특정 시간에 단위부피요소 내에 존재하는 m-분자와 m_1-분자에 해당하는 로그 함수의 모든 값의 합 H를 계산할 수 있다. 시간 t에서 단위부피요소 $fd\omega$ 내에는 식 (10)의 범위를 만족하는 m-분자가 존재한다.
이 분자들은 합 H에서 $f\log f d\omega$만큼을 기여한다. m_1-분자에 대하여 마찬가지의 논의를 거쳐서 모든 가능한 변수들의 값에 대하여 적분하면:

$$H = \int f \log f \, d\omega + \int F_1 \log F_1 \, d\omega_1. \tag{28}$$

를 얻는다. 이제 매우 짧은 시간 dt 동안 H에 일어나는 변화를 구해보자. 이것은 두 가지 요인으로 일어나며[13]:

1. 시간 t에서 각 m-분자가 식 (28)에 $\log f$를 제공한다. 시간 dt 후에 함수

13) 본문의 증명을 좀 더 해석적인 방식으로도 제시할 수 있다. 방정식 (28)의 적분을 모든 변수들에 대하여 $-\infty$부터 $+\infty$까지 계산하면 필요한 모든 값이 포함될 것이다. 기체 내에서 일어나지 않는 속도는 적분에 기여하지 않을 것인데, 이는 이 속도에 대하여 f나 F는 0이 되기 때문이다. 따라서 적분기호 내에서 t에 대하여 미분하면 dH/dt를 얻는다:

$$\frac{dH}{dt}=\int\frac{\partial f}{\partial t}d\omega+\int\frac{\partial F_1}{\partial t}d\omega_1+\int\log f\frac{\partial f}{\partial t}d\omega+\int\log F_1\frac{\partial F_1}{\partial t}d\omega_1.$$

여기에서 처음 두 항들은 본문에서 "첫 번째 요인"으로 부른 것에 의한 H의 증가분이며, 이는 본문에서 서술한 이유에 의하여 0이 됨을 즉시 알 수 있다. 다른 두 항들은 역시 본문에서 설명한 두 번째 요인에 의한 H의 증가분을 나타내며, 방정식 (25), (26)의 $\partial F/\partial t$ 값을 치환하면:

$$(29)\quad \begin{cases}\dfrac{dH}{dt}=\displaystyle\int\log f(f'F_1'-fF_1)d\rho+\int\log f(f'f_1'-ff_1)dr\\ \quad+\displaystyle\int\log F_1(f'F_1'-fF_1)d\rho+\int\log F_1(F'F_1'-FF_1)dr_1\end{cases}$$

이며, $d\rho=\sigma^2 g\cos\theta d\omega d\omega_1 d\lambda$, $dr=s^2 g\cos\theta d\omega d\omega_1 d\lambda$, $dr_1=s_1^2 g\cos\theta d\omega d\omega_1 d\lambda$. 모든 적분들은 변수들의 모든 값에 대하여 계산된다. 여기에서 합 $\int f'\log f'd\omega'+\int F_1'\log F_1'd\omega_1'$이 H와 같음을 얼른 알 수 있다. 이를 미분하면:

$$(30)\quad \frac{dH}{dt}=\int\frac{\partial f'}{\partial t}d\omega'+\int\frac{\partial F_1'}{\partial t}d\omega_1'+\int\log f'\frac{\partial f'}{\partial t}d\omega'+\int\log F_1'\frac{\partial F_1}{\partial t}d\omega_1'.$$

충돌 전과 후의 속도성분이 각각 $(\xi,\eta,\zeta,\xi_1,\eta_1,\zeta_1)$과 $(\xi',\eta',\zeta',\xi_1',\eta_1',\zeta_1')$인 충돌 대신에, 그 성분이 각각 $(\xi',\eta',\zeta',\xi_1',\eta_1',\zeta_1')$, $(\xi,\eta,\zeta,\xi_1,\eta_1,\zeta_1)$인 충돌을 생각하면 $\partial f'/\partial t$와 $\partial F'/\partial t$를 $\partial f/\partial t$와 $\partial F/\partial t$와 마찬가지로 구할 수 있다. 그러면 대칭에 의하여

$$\frac{\partial f'}{\partial t}=\int(fF_1-f'F_1')\sigma^2 g\cos\theta d\omega_1' fd\lambda+\int(ff_1-f'f_1')s^2 g\cos\theta d\omega_1' fd\lambda;$$

와 마찬가지로 $\partial F'_1/\partial t$을 얻을 수 있다. 이 값들을 방정식 (30)에 치환하고, (우변의 처음 두 적분들이 0이며, $d\omega' d\omega_1'=d\omega d\omega_1$ 임을 이용하면)

$$(31)\quad \begin{cases}\dfrac{dH}{dt}=\displaystyle\int\log f'(fF_1-f'F_1')d\rho+\int\log f'(ff_1-ff_1')dr\\ \quad+\displaystyle\int\log F_1'(fF_1-f'F_1')d\rho+\int\log F_1'(FF_1-F'F_1')dr_1.\end{cases}$$

두 m-분자 또는 m_1-분자들 사이의 충돌에서 두 분자들은 동일한 역할을 하므로,

f는

$$\frac{\partial f}{\partial t}dt$$

만큼 증가하며, 따라서 로그함수 $\log f$는

$$\frac{1}{f}\frac{\partial f}{\partial t}dt$$

만큼 증가하고, 각 m-분자는 식 (28)에

$$\log f+\frac{1}{f}\frac{\partial f}{\partial t}dt$$

를 기여한다. 이에 따라 모든 m-분자들은 식 (28)에 총합

$$(\log f+(1/f)\,\partial f/\partial t\,dt)fd\omega$$

를 더해준다. 마찬가지의 논의를 모든 다른 m-분자 및 m_1-분자들에 적용하면 식 (28)의 적분에서 $\log f$와 $\log F$의 변화로부터 일어나는 H

$$\begin{cases}\int \log f(f'f_1'-ff_1)dr=\int \log f_1(f'f_1'-ff_1)dr,\\ \int \log f'(ff_1-f'f_1')dr+\int \log f_1'(ff_1-f'f_1)dr\end{cases}$$

이고, F에 대해서도 마찬가지 관계가 성립한다. (30), (31)의 값들의 평균을 취하면 이로부터 본문에 주어진 다음의 값을 얻을 수 있다.

$$\begin{cases}\frac{dH}{dt}=-\frac{1}{2}\int[\log(f'F_1')-\log(fF_1)](f'F_1'-fF_1)d\rho\\ \qquad -\frac{1}{4}\int[\log(f'f_1')-\log(ff_1)](f'f_1'-ff_1)dr\\ \qquad -\frac{1}{4}\int[\log(F'F_1')-\log(FF_1)](F'F_1'-FF_1)dr_1.\end{cases}$$

이 다소 짧은 증명은 어떤 수학적 조건 —적분기호 내에서의 미분가능성 등— 에 의존하는 듯하며, 매우 크지만 무한대는 아닌 숫자의 문제이므로, 그 타당성에 영향을 주지는 않고 단지 정리를 쉽게 기술할 수 있는지 여부에만 영향을 미친다. 이 정리가 나의 논문(Wien. Ber. **66**, 1872년 10월, Section II)에서는 정적분을 도입하지 않고 증명된 바 있다.

의 총변화량을 구할 수 있다:

$$H = \int \frac{\partial f}{\partial t} dt d\omega + \int \frac{\partial F_1}{\partial t} dt\, d\omega_1.$$

하지만 이것은 단위부피당의 분자들의 총개수이며, 용기의 크기나 분자들의 균일분포가 변하지 않으므로 0이 된다.

2. 분자 간 충돌은 $\log f$와 $\log F$뿐 아니라 $f d\omega$와 $F_1 d\omega_1$도 변화시킨다—즉, 특정한 종류의 분자수도 약간 변하는 것이다. 이 두 번째 요인에 의하여 일어나는 H의 변화 dH는 위 논의에 의하자면 dt 동안의 H의 총변화량과 같다. 이를 얻기 위하여 dt 동안의 단위부피당 특정한 종류의 충돌수를 $d\nu$로 표시하자. 각각의 충돌은 $f d\omega$와 $F_1 d\omega_1$을 1만큼 감소시킨다.

   각 m-분자는 식 (28)에 $\log f$를 더하고, 각 m_1-분자는 $\log F_1$을 더하므로, 이 충돌들에 의하여 발생하는 H의 총감소량은 다음과 같다:

$$(\log f + \log F_1) d\nu$$

   각각의 충돌은 $f' d\omega'$을 1만큼 증가시키므로, H는 $\log f' d\nu$만큼 증가한다. 마지막으로, 각각의 충돌은 $F_1' d\omega_1'$을 1만큼 증가시키므로, H는 $\log F_1' d\nu$만큼 증가한다. 시간 dt 동안의 H의 총증가량은 따라서 [식 (18) 참조]:

$$\begin{aligned}&(\log f' + \log F_1' - \log f - \log F_1) d\nu \\ &= (\log f' + \log F_1' - \log f - \log F_1) f F_1 d\omega d\omega_1 \sigma^2 g \cos\theta d\lambda dt.\end{aligned}$$

   dt를 일정하게 놓고 다른 모든 변수들에 대하여 적분하면(이 경우 물론 $\xi_1, \eta_1, \zeta_1, \xi', \eta', \zeta', \xi_1', \eta_1', \zeta_1'$은 $\xi, \eta, \zeta, \xi_1, \eta_1, \zeta_1$의 함수이다.), m-분자와 m_1-

분자 사이의 모든 충돌의 결과로 발생하는 H의 변화량 d_1H를 구할 수 있다. 이것을 상징적으로 다음과 같이 나타내자:

$$(31a)\ d_1H = dt\int(\log f' + \log F_1' - \log f - \log F_1) f F_1 d\omega d\omega_1 \sigma^2 g \cos\theta d\lambda dt.$$

우리는 동일한 양을 시간 dt 동안의 역충돌수 $d\nu'$ 으로부터도 구할 수 있다. 이 충돌은 $f'd\omega'$ 와 $F_1'd\omega_1$ 을 1만큼 감소시키고, $fd\omega$와 $F_1d\omega_1$ 을 1만큼 증가시킨다. 따라서 역충돌은 H를

$$\begin{aligned}&(\log f + \log F_1 - \log f' - \log F_1')d\nu' \\ &= (\log f + \log F_1 - \log f' - \log F_1') f' F_1' d\omega d\omega_1 \sigma^2 g \cos\theta d\lambda dt\end{aligned}$$

만큼 증가시킨다.[식 (23) 참조] dt를 일정하게 놓고 다른 모든 변수들에 대하여 적분, (31a)의 결과를 평균하면 d_1H의 값을 얻는다.

$$(32)\ d_1H = \frac{dt}{2}\int[\log(f'F_1') - \log(fF_1)][fF_1 - f'F_1']d\omega d\omega_1 \sigma^2 g \cos\theta d\lambda.$$

이것은 시간 dt 동안에 m-분자와 m_1-분자 사이의 모든 충돌의 결과로 발생하는 H의 증가량이다. m-분자들 사이의 충돌의 결과로 발생하는 H의 증가량 d_2H도 마찬가지로 구할 수 있으며, m_1과 F를 m과 f로, σ를 s로 바꾸면 된다. 이 경우에 동일한 분자들 사이의 충돌은 두 번씩 계수되므로, 최종 결과를 2로 나눠주어야 한다.[자기위치에너지(self-potential)나 자기유도(self-induction) 계수를 계산할 때에도 마찬가지이다.]

$$d_2H = \frac{dt}{4}\int[\log(f'f_1') - \log(ff_1)][ff_1 - f'f_1']d\omega d\omega_1 s^2 g \cos\theta d\lambda.$$

여기에서 f_1과 f_1' 은 종전과 같은 의미를 지닌다. 마찬가지의 방법으로 m_1-분자 사이의 모든 충돌의 결과로 발생하는 H의 증가량을 계산

한다면, 시간 dt 동안에 일어나는 H의 총증가량은:

(33)

$$\frac{dH}{dt} = -\frac{1}{2}\int[\log(f'F_1') - \log(fF_1)][f'F_1' - fF_1]\sigma^2 g\cos\theta\, d\omega d\omega_1 d\lambda$$
$$-\frac{1}{4}\int[\log(f'f_1') - \log(ff_1)][f'f_1' - ff_1]s^2 g\cos\theta\, d\omega d\omega_1 d\lambda$$
$$-\frac{1}{4}\int[\log(F'F_1') - \log(FF_1)][F'F_1' - FF_1]s_1^2 g\cos\theta\, d\omega d\omega_1 d\lambda.$$

로그함수는 증가함수이므로 각 적분의 첫째 항과 두 번째 항의 부호가 같은 것임을 알 수 있다. 또한, g는 양의 수이고 각 θ는 항상 예각이므로 적분함수는 그의 모든 경우에 0보다 크며, 비껴가는 충돌이나 충돌속도가 0인 경우에만 0이 된다. 방정식 (33)의 세 적분들은 따라서 양의 항으로만 구성되어 있으며 H는 감소할 가능성만 있다. H가 일정할 경우는 모든 적분들이 0이 되는 경우인데, 즉 모든 충돌에 있어서 방정식 (27)이 만족되는 경우이다. 정상상태에서 H는 시간에 따라 변할 수 없으므로 방정식 (27)은 모든 충돌에 대하여 만족된다. 여기에서 전제된 가정은 속도분포가 초기에 분자-지향적이고, 그 후에도 그렇다는 것인데, 이 가정하에서 우리는 H가 오직 감소할 수만 있고, 속도분포가 맥스웰 분포에 접근한다는 것을 증명할 수 있다.

§6. H의 수학적 의미

잠시 방정식 (27)의 해에 대한 고찰을 미루고 H의 수학적 의미에 대하여 몇 가지 언급하고자 한다. 그 의미는 두 가지이다. 첫 번째 의미는 수학적인 것이며, 두 번째는 물리적인 것이다. 수학적 의미에 대해서는 간단한 경우,

즉 단위부피 용기 내의 단일 종 기체만을 논의하자. 물론 이 가정을 사용하면 결론이 간단해지겠지만, 동시에 아보가드로 법칙을 증명하는 것은 불가능하게 된다.

우선, 확률미적분의 원리에 대하여 몇 가지를 언급하고자 한다. 색깔만 다른 동일한 개수의 흰색 공과 검은색 공들을 주머니에서 무작위로 20번 꺼낸다고 하자. 검은색 공들만 꺼내는 경우는 첫 번째에 검은 공을, 두 번째에는 흰 공을 세 번째에는 검은 공을 … 꺼내는 것과 확률이 똑같다. 20번을 꺼냈을 때에 10개의 검은 공과 10개의 흰 공을 꺼내는 확률이 20개의 검은 공을 꺼내는 확률보다 큰 이유는, 첫 번째의 사상이 두 번째의 사상보다 많기 때문이다. 두 번째 경우에 대한 첫 번째 경우의 상대 확률은 $20!/(10!10!)$이며, 이것은 서로 다른 흰 공들이 모두 동일하며, 마찬가지로 서로 다른 검은 공들이 모두 동일하다고 할 때에 10개의 흰 공과 10개의 검은 공으로 시행할 수 있는 순열의 수를 나타낸다. 그 각각의 순열이 한 개의 사상을 나타내며, 이것은 모두 검은 공을 꺼내는 것과 그 확률이 같다. 주머니 안에 색깔만 다른 동일한 개수의 흰색, 검은색, 푸른색, 붉은색 … 공들이 넣어져 있다고 할 때에 a개의 흰색, b개의 검은색, c개의 푸른색 … 공을 꺼낼 확률은 오직 한 색깔의 공을 꺼내는 경우에 비하여

$$(a+b+c\cdots)!/(a!b!c!\cdots) \tag{34}$$

만큼 크다.

이 간단한 예에서 볼 수 있듯, 기체 내의 모든 분자들이 동일한 속도와 운동방향을 가질 확률은 각 분자가 어느 순간에 각각의 속도와 운동방향을 가질 확률과 같다. 그러나 첫 번째의 사상을 기체의 맥스웰 분포와 비교하면 후자의 경우로 칠 수 있는 등확률의 사상들이 훨씬 많음을 알 수 있다.

이 두 사상의 상대적 확률을 순열의 수로 나타내기 위해서는 다음과 같은 방식을 취한다: 한 분자의 속도점이 충돌 전에 무한소의 부피요소 내에 있는 모든 충돌에 대해서 충돌 후의 부피요소가 정확히 같다는 것은 이미 논의되었다.(충돌을 나타내는 모든 다른 변수들이 일정하다는 가정하에서) 전체 공간을 많은(ζ) 동일한 부피의 부피요소(세포) ω로 나누어, 한 분자의 속도점이 각 부피요소 내에 있을 확률이 다른 부피요소 내에 있을 경우의 확률과 같게 하자.(검은색 공과 흰색 공을 꺼낼 확률이 같다고 가정한 것처럼) 흰색 공을 꺼내는 횟수 a 대신에, 첫 번째 부피요소에 속도점을 갖고 있는 분자의 개수를 $n_1\omega$로; b 대신에, 두 번째 부피요소에 속도점을 갖고 있는 분자의 개수를 $n_2\omega$로 … 나타내면, 방정식 (34) 대신에, $n_1\omega$로 분자들이 첫 번째 부피요소 내에 … 등등의 상대확률에 대하여

$$Z = n!/[(n_1\omega)!(n_2\omega)!(n_3\omega)!\cdots] \quad (35)$$

가 성립할 것이다. 여기에서 $n = (n_1 + n_2 + n_3 \cdots)\omega$는 기체 내 분자들의 총 개수이다. 예를 들면, 모든 분자들이 동일한 속도와 운동방향을 가질 사상은 모든 분자들이 동일한 세포 내에 있는 사상에 해당하며, 이 경우에 $Z = n!/n! = 1$이며 다른 순열은 불가능하다. 이 경우의 확률은 이미 절반의 분자들이 특정한 속도와 방향을 가지고, 나머지 분자들이 다른 속도와 방향을 가질 확률보다 훨씬 크며, 이처럼 절반의 속도점들이 한 세포 내에, 나머지 절반이 다른 세포에 있을 경우에

$$Z = n!/[(n/2)!(n/2)!]$$

등등 … 이기 때문이다.

분자의 총개수가 매우 크기 때문에 $n_1\omega, n_2\omega$ 등등도 매우 크다고 할 수

있다.

p가 매우 큰 수이고, e는 자연로그의 밑일 때, 근사식[14)]

$$p! = \sqrt{2p\pi}\left(\frac{p}{e}\right)^p$$

를 사용하자.

자연로그를 log로 표시하면

$$\log[(n_1\omega)!] = \left(n_1\omega + \frac{1}{2}\right)\log n_1 + n_1\omega(\log\omega - 1) + \frac{1}{2}(\log\omega + \log 2\pi).$$

$n_1\omega$에 비하여 매우 작은 수 1/2을 생략하고 $(n_2\omega)!$, $(n_3\omega)!$ 등에 대해서도 마찬가지의 근사를 적용하면:

$$\log Z = -\omega(n_1\log n_1 + n_2\log n_2 + \cdots) + C$$

를 얻는다. 여기에서

$$C = \log n! - n(\log\omega - 1) - \frac{\zeta}{2}(\log\omega + \log 2\pi)$$

는 모든 속도분포에서 같은 값을 가지므로 상수로 보아야 한다. 이제 세포 내 분자들의 속도점 분포의 상대확률을 알아보려면, 세포의 크기 ω, 세포의 개수 ζ, 분자의 총개수 n과 총운동에너지를 상수로 해야 한다. 세포 내 분자들의 속도점 분포 중에서 가장 확률이 큰 것은 $\log Z$가 최대인 경우일 것이므로, 즉

$$\omega(n_1\log n_1 + n_2\log n_2 + \cdots)$$

14) Schlömilch, *Comp. der höh. Analysis*, Vol. 1, p. 437, 3rd ed.

가 최대인 경우이다. ω를 $d\xi d\eta d\zeta$로, $n_1, n_2 \cdots$ 를 $f(\xi,\eta,\zeta)$로 쓰면

$$\omega(n_1 \log n_1 + n_2 \log n_2 + \cdots) = \int f(\xi,\eta,\zeta) \log f(\xi,\eta,\zeta) d\xi d\eta d\zeta.$$

이 표현은 그러나 방정식 (28)로 주어지는 한 종류 기체의 H가 변환하는 경우와 동일하다. 충돌에 의하여 기체의 H가 감소한다는 정리는, 기체분자들이 충돌함에 따라서 기체가 분자-무질서 상태가 되어 확률미적분이 적용되게 되면, 속도분포가 가장 확률이 큰 것으로 접근한다는 것이다. 나는 여기에서 이 간략한 예를 들어 보이는 것으로 만족하는데, 독자는 다른 곳에서 좀 더 자세한 사항을 알아보아야 할 것이다.

이와 관련하여, 이미 오래전에 요제프 로슈미트[15]에 의하여 제기된 다음 사항을 언급해야 하겠다. 기체가 완전하게 매끄러운, 완전탄성의 벽으로 둘러싸여 있다고 하자. 초기에, 확률이 낮은 분자-무질서 상태 —예를 들면 모든 분자들이 동일한 속도 c를 가지는— 가 존재한다고 하자. 일정한 시간 후에 기체는 맥스웰 분포에 접근할 것이다. 시간 t에서 각 분자의 속도가 크기는 변하지 않고 방향만 바뀐다고 하면, 기체는 지금까지의 상태를 거꾸로 갈 것이다. 이 경우에 기체는 충돌에 의하여 확률이 더 큰 분포로부터 확률이 더 낮은 분포를 향해 가는데, 그 결과로 H는 증가할 것이다. 이것은 §5에서 증명된 결과에 절대로 어긋나지 않는다. 그 이유는, 분자의 속도가 거꾸로 되면 각 분자는 확률법칙에 의하여 충돌하는 것이 아니라 이미 지정된 방식에 의하여 충돌하는 것이므로, 이 경우는 속도분포가 무질서 상태라는 §5의 가정을 만족하지 못하기 때문이다. 모든 분자들의 속도가 동일한 경우, 초기에 분자들은 속도 c를 가진다. 일정 시간 후에 각 분자는 평균 한 번의

15) J. Loschmidt, Wien. Ber **73**, 128, 366(1876), **75**, 287, 366, **76**, 209(1877).

충돌을 경험하여, 많은 분자들은 속도 γ를 가지게 된다. 몇 번의 충돌을 겪은 일부의 분자들을 무시한다면, 이 분자들은 다른 분자의 속도가 $\sqrt{2c^2-\gamma^2}$ 인 충돌을 겪은 것이다. 모든 속도의 방향을 거꾸로 하면 속도가 γ인 거의 모든 분자들은 오직 속도가 $\sqrt{2c^2-\gamma^2}$ 인 분자들과 충돌할 것이므로, 분자 무질서 분포의 특성으로 존재한다.

H는 증가한다는 사실 또한 확률법칙과 어긋나지 않는데, 그 이유는 H의 증가가 불가능한 것이 아니라 단지 그 확률이 작을 뿐이기 때문이다. 사실, 상태의 분포는 그 확률이 대단히 낮더라도 0은 아닌 것이다. 마찬가지로, 맥스웰 분포에서 한 분자가 그 시각에 어떤 속도를 가지고 있고, 두 번째의 분자는 다른 속도를 가지는 등등 … 의 확률은 모든 분자들이 동일한 속도를 가지는 경우의 확률보다 조금도 크지 않다.

H를 감소시키는 운동이, 속도가 거꾸로 되어 H를 증가시키는 경우와 동일한 확률을 가진다는 생각은 대단히 잘못된 것이다. 시간 t_0와 t_1 사이에 H가 감소하는 운동을 생각해보자. 시간 t_0에서 모든 속도의 방향을 반대로 하면, 분명히 H가 증가하는 운동에 결코 이르지 못할 것이며, 반면에 H는 아마도 감소할 것이다. t_1에서 모든 속도의 방향을 반대로 할 때에만 시간 t_1-t_0 사이에 H는 증가할 것이며, 그 후에 H는 아마도 다시 감소할 것이어서, H가 연속적으로 최소값에 머무르는 경우의 확률이 가장 클 것이다. H가 상당히 큰 값으로 증가하는 운동과, 그 값이 최소로 내려가는 운동의 확률은 매우 작다; 그러나 H가 일정 기간 동안 큰 값들을 가지고 있다가 감소할 확률은 매우 크다는 것을 알 수 있다.[16]

맥스웰 속도분포만이 정상상태 중에서 가능한 것이라는 점을 플랑크는

16) *Nature*, **51**, p. 413(Feb. 1895).

이 가역원리로 증명하려 했다. 내가 알기로 플랑크는 정상상태분포의 역이 또 다른 정상상태분포임을 해밀턴의 원리를 이용하여 증명하지는 않았다. 이것을 다음과 같이 보일 수 있을 것이다: (어떠한 수준의 근사에서도 정상상태인) A가 충분히 긴 시간 동안 지속된 후에 갑자기 모든 속도를 거꾸로 하면, 그 시간 동안(같은 수준의 근사) 정상상태를 유지하는 운동 B를 얻을 것이다. 모든 속도를 거꾸로 했을 때에, 하나의 분자-무질서 상태가 다른 분자-무질서 상태로 변환됨을 우리는 이미 보았다. 따라서 B가 분자-무질서 상태임을 믿을 수 있을 것이다. 어떤 형태의 용기에 대하여 충분히 긴 시간 동안 정상상태를 유지하는 분자-무질서 운동이 가능할 것이다. 그러나 용기의 형태에 가해지는 매우 작은 변화에 의하여 이러한 분자-무질서 운동은 파괴될 수 있을 듯하다. 상태분포 B가 주어진 기간 동안 언제나 분자-무질서이지는 않다고 가정하자. 더 나아가서, A 상태분포에 있어서 각 속도가 반대의 속도와 그 확률이 같다고 하자. 두 번째 가정에 의하자면 B의 속도가 A의 속도와 같은 확률을 가지며, 또한 첫 번째 가정에 의하여 충돌이 확률법칙을 따르므로, 상태분포 B는 A와 같을 것이다. B에서 각 반대방향의 충돌의 횟수는 A에서의 직접충돌의 횟수와 같으며, 이것은 두 충돌이 반대방향이기 때문이다. 따라서 B의 반대방향의 충돌의 확률은 A에서의 직접충돌의 확률과 같다. 두 분포가 동일하므로, 직접충돌의 확률은 역의 충돌과 확률이 같으므로 방정식 (27)을 따르며, 그 결과는 맥스웰 분포이다.

각각의 속도가 역의 속도와 같은 확률을 가진다는 가정을 애초에 세우지 않는다면—예를 들면 중력이 작용할 때—플랑크의 증명은 적용될 수 없지만, 최소의 정리는 성립한다.[17)]

17) 다음과 같은 경우는 가능하지 않음을 증명할 필요가 있다. 1. 각개 분자의 속도가 역의 속도

여기에서 한 가지를 언급해야 하겠다. 이전에 $d\omega = d\xi d\eta d\zeta$로 표기된 양은 부피요소인데, 사실은 미분에 불과한 것이다. 단위부피 내에 존재하는 분자 개수 n은 매우 큰 숫자이지만 유한하다.(1입방미터를 부피요소로 하면, 일상적인 조건하의 공기의 경우 이 숫자는 몇 조에 이른다.) 따라서 우리가 $n_1\omega$, $n_2\omega \cdots$, $f(\xi,\eta,\zeta,t)$ 등의 표현을 매우 큰 숫자로 취급하는 것이 놀라울지도 모르겠다. 이 양들이 1보다 작은 숫자라는 가정하에서 같은 계산을 시행할 수도 있을 것인데, 이 경우에 그 숫자들은 단순히 확률일 것이다. 그러나 실제 물체의 개수는 단지 확률보다는 더 명료한 것이며, 1보다 작은 수의 순열을 논하기는 어려우므로 이런 식으로 생각하자면 복잡한 지엽적 설명을 필요로 할 것이다. 하지만 부피요소를 임의의 크기로 잡을 수 있음을 생각해야 한다. 많은 동등한 기체들이 부피요소 내에 존재하여 ω를 매우 작게 잡을 때에 수많은 분자들의 속도점들이 그 안에 존재하도록 가정할 수 있다. 부피요소로 선택된 부피의 대략적인 크기는 부피요소 ω와 $d\xi d\eta d\zeta$의 대략적인 크기와는 전혀 무관한 것이다.

더 모호한 가정은, 부피요소의 미분부피 내에 속도점을 가지고 있는 존재하는 분자 개수뿐 아니라 주어진 부피요소 내에 질량중심을 가지는 분자들의 개수가 무한히 크다는 것인데, 이는 나중에 언급할 것이다. 이 두 번째의

와 같지 않은 분자-무질서의 정상상태분포가 맥스웰 분포 이외에도 존재하며; 속도를 거꾸로 했을 때에 이 두 번째 분포로 변환되는 제3의 분포도 존재한다. 2. 맥스웰의 (가장 확률이 큰) 분포 —이 분포는 속도를 거꾸로 하면 분자-질서 상태로 변환되지 않는데, 그 이유는 분자-질서 상태와 분자-무질서 상태의 확률이 동일하기 때문— 이외에 드물기는 하지만 속도를 거꾸로 할 때에 분자-질서 상태로 변환되는 분자-무질서 정상상태가 존재할 수 있다. 3. 또한, 분자-질서 정상상태도 가능하다. 2와 3의 경우는 외부힘의 존재에 관련된다. 3의 경우가 불가능함은 일반적으로 특수한 조건 없이는 증명될 수 없다. 분자-질서의 상태가 이론적으로는 무한대의 시간 후에 분자-무질서 상태에 접근할 수 있지만, 실제로는 매우 신속하게 분자-무질서 상태에 이른다는 점에서 "분자-무질서"의 개념이 제한적인 경우임은 자명하다.

가정은, 평균자유행로에 비하여 그리 크지 않은 거리에서 기체의 성질이 유한하게 변화하는 현상(두께가 1/100mm인 충격파, 라디오미터 현상, 슈프렝겔 진공 중 기체 점성 등)의 경우에는 성립되지 않는다. 모든 다른 현상들은 큰 공간 내에서 일어나므로, 기체의 가시적인 운동이 미분으로 간주되지만 또한 매우 많은 분자들로 이루어진 부피요소를 구축할 수 있다. 대략적인 크기가 최종 결과에 포함되는 항들의 대략적인 크기에 무관한 이러한 작은 항들을 무시하는 것은, 최종 결과가 유도되는 항들과 대략적인 크기 비슷한 것들을 생략하는 것과는 구별되어야 한다.(§14의 첫 부분 참조) 두 번째 항들을 생략하는 것은 잘못된 결과를 낼 수 있지만, 첫 번째 항들을 무시하는 것은 최종 결과의 의미를 나타내주는 원자론 개념의 결과이므로, 가시적인 물체의 크기에 비하여 분자의 크기가 작을수록 좀 더 허용가능하다. 사실, 원자론의 관점에서 보자면 탄성이나 유체역학의 미분방정식들은 정확한 것이 아니지만, 가시적인 운동이 일어나는 공간이 분자의 크기에 비하여 클수록 더 정확해진다. 마찬가지로, 분자속도분포 법칙은 분자 개수가 수학적으로 무한하지 않으면 정확하지 않다. 유체역학 미분방정식의 정확성을 포기할 때의 불리함은 그러나 문제를 더 명료하게 이해함으로 상쇄된다.

§7. 보일-샤를-아보가드로 법칙. 공급된 열에 대한 표현

이제 방정식 (27)의 해를 구해보자. 이는 §18에서 다룰 방정식 (147)의 특수한 경우이다. 이 방정식들로부터, 함수 f와 F가 속도의 방향과는 무관하며, 오직 속도의 크기에만 의존한다는 것을 알 수 있다. 이에 대한 증명을 특수한 경우에 유도할 수도 있지만, 반복을 피하기 위하여 용기의 모양이나 어떤 특수한 상황이 상태분포에 영향을 미치지 않는다고 가정해보자. 이런 경우에는 공간 내의 모든 방향이 동등하므로, 함수 f와 F가 속도의 방향과는 무관하며 오직 속도 c와 c_1의 크기의 함수이다. $f=e^{(\phi mc^2)}$, $F=e^{(\Phi m_1 c_1^2)}$이라 하면, 방정식 (27)의 마지막 부분은

$$\phi(mc^2)+\Phi(m_1c_1^2)=\phi(mc'^2)+\Phi(mc^2+m_1c_1^2-mc'^2).$$

여기에서 mc^2과 $m_1c_1^2$은 완전히 서로 독립적이며, mc'^2은 mc^2과 $m_1c_1^2$에 독립적으로, 0으로부터 $mc^2+m_1c_1^2$ 사이의 모든 값을 취할 수 있다. 이 세 가지의 양들을 x, y, z로 나타내고 마지막 방정식을 x, y, z에 대하여 각각 미분하면

$$\phi'(x)=\Phi'(x+y-z)$$

$$\Phi'(y)=\Phi'(x+y-z)$$

$$0=\phi'(z)=\Phi'(x+y-z)$$

이므로,

$$\phi'(x)=\Phi'(y)=\phi'(z).$$

이 중에서 첫 번째 식에는 y나 z가 나타나지 않으며, 이것이 두 번째, 세 번째 식과 같으므로 두 번째 식은 y를, 세 번째 식은 z를 포함하지 말아야 한다. 다른 변수들은 없으므로, 이 식들은 모두 상수이어야 한다. 이 식들이 모두 같으므로, 두 함수 ϕ와 Φ의 도함수는 동일한 상수값 $-h$를 가져야 하므로

$$f=ae^{-hmc^2},\ F=Ae^{-hm_1c_1^2}. \tag{36}$$

단위부피 내에서 임의의 방향의 속도가 c와 $c+dc$ 사이의 크기를 가지는 m-분자들의 개수 dn_c는, 원점에 중심을 두고 반지름 c와 $c+dc$를 가지는 두

개의 구면 사이에 속도점을 가지는 분자 개수와 같으므로, $d\omega = 4\pi c^2 dc$의 부피 안에 있다. 따라서 방정식 (11)에 따르면:

$$dn_c = 4\pi a e^{-hmc^2} c^2 dc. \tag{37}$$

속도가 c와 $c + dc$ 사이이고, 고정된 선(예를 들면 x-축)과 θ와 $\theta + d\theta$ 사이의 각을 이루는 분자들은, 반지름 c와 $c+dc$를 가지는 두 개의 구면 사이의 원환 내에, 그리고 x-축을 공통 축으로 가지고 원점에 꼭지를 가지며, x-축 θ 및 $\theta + d\theta$ 사이의 각을 이루는 두 개의 원추 내에 속도점을 가지는 분자들과 동일하다. 이 원환의 부피는 $2\pi c^2 \sin\theta\, dc d\theta 2\pi$ 이므로, 이러한 분자들의 개수는 다음과 같다:

$$dn_{c,\theta} = 2\pi a e^{-hmc^2} c^2 \sin\theta\, dc d\theta = \frac{dn_c \sin\theta\, d\theta}{2}. \tag{38}$$

(37)을 모든 가능한 속도($c = 0 \sim \infty$)에 대하여 적분하면 단위부피당 분자의 총개수 n을 얻는다. 이 적분 및 다음의 적분은 잘 알려진 두 적분식을 이용하면,

$$\begin{cases} \displaystyle\int_0^\infty c^{2k} e^{-\lambda c^2} dc = \frac{1\times 3\times\cdots\times(2k-1)\sqrt{n}}{2^{k+1}\sqrt{\lambda^{2k+1}}}, \\ \displaystyle\int_0^\infty c^{2k+1} e^{-\lambda c^2} dc = \frac{k!}{2\lambda^{k+1}}. \end{cases} \tag{39}$$

$$n = a\sqrt{\frac{\pi^3}{h^3 m^3}} \tag{40}$$

을 얻는다. 따라서 방정식 (36)과 (37) 대신에

$$f = n\sqrt{\frac{h^3 m^3}{\pi^3}}\, e^{-hmc^2}, \tag{41}$$

(42) $$F = n_1 \sqrt{\frac{h^3 m_1^3}{\pi^3}}\, e^{-hm_1 c_1^2},$$

(43) $$dn_c = 4n \sqrt{\frac{h^3 m^3}{\pi}}\, e^{-hmc^2} c^2 dc$$

로 할 수 있다.

dn_c에 그 개수가 dn_c인 분자들의 속도 제곱 c^2을 곱하여 모든 가능한 속도에 대하여 적분하고 단위부피 내의 분자수 n으로 나누면 평균제곱속도라고 부르는 $\overline{c^2}$를 얻는다:

(44) $$\overline{c^2} = \frac{\int_0^\infty c^2 dn_e}{\int_0^\infty dn_e} = \frac{3}{2hm}.$$

마찬가지로, 평균속도를 구할 수 있다:

(45) $$\bar{c} = \frac{\int_0^\infty c\, dn_e}{\int_0^\infty dn_e} = \frac{2}{\sqrt{\pi h m}}.$$

그러므로

(46) $$\frac{\overline{c^2}}{(\bar{c})^2} = \frac{3\pi}{8} = 1.178 \cdots$$

속도의 제곱 $x = c^2$을 x-축에 c의 여러 값을 놓고, 속도가 c와 $c + dc$(dc는 모든 c에 대하여 동일) 사이에 있을 확률에 비례하는 높이 $c^2 e^{-hmc^2}$의 y축을 올리면, y의 최대값이 x의 값

(47) $$c_w = \frac{1}{\sqrt{hm}}$$

에서 나타나는 곡선을 얻는다. 이 x값 c_w[18]를 보통 가장 확률이 큰 속도라 부른다.

속도의 제곱 $x = c^2$을 x-축에 놓고 c^2이 x와 $x+dx$ 사이에 있을 확률이 y값에 비례하도록 하면(dx는 모든 x에 대하여 동일) y값은 $\sqrt{x}\,e^{-hmx}$에 비례할 것이다. y의 최대값은 $x = 1/2hm$이며, 이것은 속도 $c = c_w$이 아닌 $c_w / \sqrt{2}$에 해당한다. 따라서 어떤 의미에서는 $c_w^2/2$는 가장 확률이 큰 속도 제곱이라 할 수 있다.

기체 내의 단위면적을 가진 표면을 생각해보자. 단위시간당 이 표면에 부딪는 모든 분자들의 평균 또는 가장 확률이 큰 속도를 찾다 보면, 이전에 정의된 것들과는 다른 양을 얻게 된다.

이 모든 표현들은 따라서 엄밀히 정의된 것들이 아니다; 즉 평균이라고 부르는 것을 유일하게 정의할 수는 없다. 평균자유행로를 정의할 때에도 이렇게 모호한 면이 있다.

(48) $c^2 = \xi^2 + \eta^2 + \zeta^2$이므로, $\overline{\xi^2} = \overline{\eta^2} = \overline{\zeta^2} = \frac{1}{3}\overline{c^2} = \frac{1}{2hm}$.

마찬가지 방식으로 다른 평균값들을 계산할 수 있다. 예를 들면

18) w는 "wahrscheinlichste(가장 확률이 큰)"을 나타낸다.

$$(49) \quad \begin{cases} \overline{\xi^4} = \dfrac{\iint\int_{-\infty}^{+\infty} \xi^4 e^{-hm(\xi^2+\eta^2+\zeta^2)} d\xi d\eta d\zeta}{\iint\int_{-\infty}^{+\infty} e^{-hm(\xi^2+\eta^2+\zeta^2)} d\xi d\eta d\zeta} \\ = \dfrac{\int_0^{\infty} \xi^4 e^{-hm\xi^2} d\xi}{\int_0^{\infty} e^{-hm\xi^2} d\xi} = \dfrac{3}{4h^2m^2} = 3(\overline{\xi^2})^2. \end{cases}$$

두 번째 기체에 대하여도 마찬가지가 성립하고, h는 혼합물 내의 두 기체에 대하여 같은 값을 가지므로, 방정식 (44)를 이용하면 두 가지의 혼합기체에 대하여 각각의 밀도에 관계없이

$$(50) \qquad m\overline{c^2} = m_1\overline{c_1^2}.$$

두 종류의 기체분자들이 혼합되면 일반적으로 한 가지 기체분자들이 다른 종류의 분자들에게 운동에너지를 전달한다. 위 방정식에 따르면, 어떤 경우에도, 두 기체의 밀도가 어떠하든지, 다른 성질들이 어떠하든지 간에, 열평형에서는 각자가 맥스웰 분포를 가지며, 두 기체는 같은 평균 운동에너지를 갖는다.

두 기체가 동일한 온도를 갖는지, 또는 밀도가 큰 한 기체가 작은 밀도에서도 같은 온도를 가지는지 판단하기 위해서는 기체가 열을 전도하는 벽으로 분리되어 있는 경우의 열평형을 고려해야 할 것이다. 열을 전도하는 벽이 존재하는 경우의 분자 과정을 이전에 사용되었던 간단한 원리에 의하여 계산하기는 어렵지만, 어떤 가정에 의하면 동일한 열평형의 조건이 성립될 수 있다.(§19에서 논의할 브라이언의 역학적 장치를 참조) 실험적으로 관찰된, 진공 중 기체의 팽창과 두 기체의 확산이 열을 발산하지 않는다는 점이 이

것을 증명한다. 같은 가정에 의하여, 같은 성질을 가지지만 밀도가 다른, 또는 아예 성질이 다른 두 기체가 열평형에 있을 때에는 같은 온도를 가지며, 두 기체의 평균 운동에너지가 동일하다는 사실이 일반적으로 성립한다. 따라서 온도는 모든 기체에 대하여 평균 운동에너지의 동일한 함수이어야 한다. 방정식 (6)으로부터, 표면에서의 압력이 동일하고, 따라서 단위부피당의 분자수가 같은($n = n_1$) 동일한 온도의 두 기체는 잘 알려져 있는 아보가드로 법칙을 따른다. 나아가서, 동일한 기체의 질량 m은 같으므로, 온도는 같지만 압력이 다른 기체의 c^2은 일정하며, 방정식 (7)에 의하면 압력 p는 밀도 ρ에 비례한다—보일 또는 마리오트의 법칙.

이제 가능한 한 가장 완전한 기체 —예를 들면 수소— 를 정상기체로 선택하자. 정상기체분자의 압력, 밀도, 질량, 속도를 각각 P, ρ', M, C로 표기하며, 다른 기체에 대해서는 소문자로 표기하도록 하자. 일정 부피, 즉 일정 밀도의 정상기체를 열측량 물질로 하여, 온도 T가 일정 밀도에서 단위면적의 압력에 비례하도록 온도 스케일을 선택하자. 그러면 식 $P= \rho' C^2/3$에서, 온도 T는 일정 ρ'에서 압력 P에 비례하며, 따라서 C^2에 비례하도록 한다. 이 비례상수를 R로 하면, 이 밀도에서

$$\overline{C^2} = 3RT. \tag{51}$$

만약 정상기체의 밀도가 다르다면, $\overline{C^2}$가 같은 경우 온도 T도 같을 것이다. 따라서 R은 밀도에 무관하여, 식 $P= \rho' \overline{C^2}/3$는 $P= R\rho' T$로 변환된다. 기체가 녹는 얼음과 접촉할 때의 온도와 끓는 물과 접촉할 때의 온도 차이를 100으로 하도록 R을 선택할 수 있을 것이다. 녹는 얼음의 온도의 절대값이 결정되면, 이것은 끓는 물과 녹는 얼음의 차이와 같은 비율로 두 온도에

서의 수소기체의 압력 비율로 취할 수 있다. 이 비율에 의하면 녹는 얼음의 온도는 273이다.

소문자를 사용하는 다른 기체의 경우, 마찬가지 방식으로 $p=\rho\overline{c^2}/3$를 얻으며, 같은 온도에서는 $m\overline{c^2}=M\overline{C^2}$이므로 방정식 (51)로부터

$$\overline{c^2}=\frac{M\overline{C^2}}{m}=3\frac{M}{m}RT=3\frac{R}{\mu}T=3rT \tag{51a}$$

를 얻는다. 여기에서 m/M은 (자유운동하는 입자인) 기체분자의 질량과 정상기체분자의 질량 비율인, 소위 분자량이다. $\overline{c^2}$의 값을 방정식 $p=\rho\overline{c^2}/3$에 넣으면 정상기체가 아닌 다른 기체에 대해서:

$$p=\frac{R}{\mu}\rho T=r\rho T \tag{52}$$

가 성립하여, r은 주어진 기체의 상수이지만 R은 모든 기체에 동일하다. 방정식 (52)는 잘 알려져 있는, 통합된 보일-샤를-아보가드로 법칙이다.

§8. 비열: H의 물리적 의미

이제 임의의 부피 Ω 내의 기체를 생각해보자. (역학적 단위로 측정된) 열 dQ가 온도를 dT만큼, 부피를 $d\Omega$만큼 증가시킨다고 하자. $dQ=dQ_1+dQ_4$에서 dQ_1은 분자에너지를 증가시키는 데 사용된 열, dQ_4는 외부일을 하는 데 사용된 열이라고 하자. 만약 기체분자가 완전한 구(球)라면 충돌 시에 분자를 회전시키는 데 힘이 작용하지 않을 것이다. 일반적으로 그러한 힘이 존재하지 않는다고 가정하자. 분자가 얼마간의 회전에너지를 이미 갖고 있

다면 열 dQ가 가해질 때에 회전에너지가 변하지 않을 것이며, 열은 병진운동의 에너지라고 불리는, 분자들의 운동에만 소모될 것이다. 지금까지 우리는 이 경우만 다루었지만, 차후에 똑같은 계산을 반복하지 않기 위하여 분자들이 다른 형태, 즉 몇 개의 입자들(원자)로 구성된 보다 일반적인 경우에 대하여 다음의 계산을 시행하고자 한다. 이 경우에는 병진운동뿐 아니라 분자 내 운동이 존재할 것이며, 일은 원자들을 결합시키는 힘을 거슬러 작용할 것이다.[분자 내(intramolecular) 일] $dQ_1 = dQ_2 + dQ_3$에서, dQ_2는 병진운동에너지를 증가시키는 데 소모된 열, dQ_3는 분자 내 운동의 에너지를 증가시키는 데 소모된 열이라 하자. 병진운동에너지는 분자의 질량중심에 위치한 분자의 총질량의 운동에너지를 의미한다.

기체의 부피가 일정 온도에서 증가할 때에 병진운동에너지와 서로 다른 병진 속도의 분포가 변하지 않음을 우리는 이미 보였다. 분자들은 그저 더 먼 거리에서 운동할 뿐—즉, 두 충돌 사이에 더 큰 간극이 있을 뿐이다. 우리는 내부운동을 조사하지는 않았지만, 일정 온도에서 부피가 증가할 때에 평균적으로 충돌 시나 충돌 사이에서 내부운동이 단지 충돌횟수의 감소 때문에 변화하지는 않을 것임을 짐작할 수 있을 것이다. 충돌시간은 두 충돌 사이의 시간에 비하면 여전히 매우 작을 것이다. 병진운동에너지와 마찬가지로, 분자 내 운동과 분자 내 위치에너지는 오직 온도에만 의존한다. 이 두 에너지의 증가는 따라서 dT와 온도의 함수의 곱이며, $dQ_3 = \beta dQ_4$라 하면 β는 오직 온도에만 의존한다. 우리는 언제나 $\beta = 0$으로 놓음으로써 완전히 매끄러운 구형 분자의 경우로 돌아갈 수 있다. 부피 Ω 내의 기체분자 개수는 $n\Omega$, 분자의 병진운동의 평균에너지가 $m\overline{c^2}/2$이므로, 모든 분자들의 병진운동에너지는

$$n\Omega m\overline{c^2}/2.$$

만약 기체의 총질량을 k라 하면, $k = \rho\Omega = nm\Omega$이므로,

$$k\overline{c^2}/2.$$

나아가서, 기체의 총질량은 열을 가해도 변하지 않으므로, 병진운동의 평균 에너지는

$$\frac{k}{2}d\overline{c^2}.$$

열을 역학적 단위로 측정한다면, 이것 또한 dQ_2와 같을 것이다. 방정식 (51a)에 의하여

$$d\overline{c^2} = \frac{3R}{\mu}dT$$

이며, 따라서

$$dQ_3 = \frac{3kR}{2\mu}dT,$$

$$dq_1 = dq_2 + dq_3 = \frac{3(1+\beta)kR}{2\mu}dT.$$

기체에 의하여 행해진 외부일은 $p\,d\Omega$; 따라서 이는 역학적 단위로 측정된 Q_4와 같다. 기체의 총질량이 일정하다면

$$d\Omega = kd\left(\frac{1}{\rho}\right)$$

이며, 방정식 (52)에 따라서

$$\frac{1}{\rho} = \frac{R}{\mu}\frac{T}{p}.$$

따라서

$$dQ_4 = \frac{kRp}{\mu} d\left(\frac{T}{p}\right) = \frac{kR}{\mu} \rho d T\left(\frac{1}{\rho}\right).$$

이 모든 값들을 치환하면, 공급된 모든 열은

(53)

$$dQ = dQ_1 + dQ_4 = \frac{Rk}{\mu}\left[\frac{3(1+\beta)}{2} dT + pd\left(\frac{T}{P}\right)\right] = \frac{Rk}{\mu}\left[\frac{3(1+\beta)}{2} dT + \rho T d\left(\frac{1}{\rho}\right)\right].$$

부피가 일정하다면 $d\Omega/k = d(1/\rho) = 0$이며, 공급된 열은

$$dQ_v = \frac{3Rk}{2\mu}(1+\beta)dT.$$

한편, 압력이 일정하다면 $d(T/p) = (dT)/p$이며, 공급된 열은

$$dQ_p = \frac{Rk}{2\mu}[3(1+\beta)+2]dT.$$

dQ를 총질량 k로 나누면 단위질량당 공급된 열을 얻으며, dT로 나누면 온도를 1도 올리는 데 필요한 열, 즉 비열을 얻는다. 따라서 일정 부피에서 기체의 단위질량당 비열은

(54)
$$\gamma_v = \frac{dQ_v}{k \cdot dT} = \frac{3R}{2\mu}(1+\beta).$$

한편, 일정 압력에서 기체의 단위질량당 비열은

(55)
$$\gamma_p = \frac{R}{2\mu}[3(1+\beta)+2].$$

두 식에서 β를 제외한 모든 양들은 일정하며, β는 온도의 함수일 수 있다. R은 정상기체에 적용되어, 모든 기체에 대하여 동일하므로 $\gamma_v\mu$와 $\gamma_p\mu$는 β가 동일한 (특히, $\beta=0$) 모든 기체에 대해서 같다. 비열의 차이 $\gamma_p - \gamma_v$는 모든

기체에 대해서 기체상수 자체이다.

(55a) $$\gamma_p - \gamma_v = r = \frac{R}{\mu}.$$

이 비열의 차이와 분자량 μ의 곱은 모든 기체의 경우에 상수 R이다. 비열의 비는

(56) $$\kappa = \frac{\gamma_p}{\gamma_v} = 1 + \frac{2}{3(1+\beta)}.$$

역으로,

(57) $$\beta = \frac{2}{3(\kappa-1)} - 1.$$

이전에 가정했듯이 분자가 완정한 구형이라면 $\beta = 0$, $\kappa = 1\frac{2}{3}$ 이다. 사실 이것은 쿤트와 바르부르크에 의하여 수은의 경우에 관찰되었으며, 좀 더 최근에는 램지에 의하여 아르곤과 헬륨에 대해서도 관찰되었다. 지금까지 연구된 모든 다른 기체들에 있어서는 κ값이 작으며, 이는 분자 내 운동이 있음을 말해준다. 이에 대해서는 2부에서 다시 논의할 것이다.

dQ에 대한 일반적인 식인 (53)은 변수 T와 ρ의 완전미분이 아니지만, β가 온도만의 함수이기 때문에 T로 나누면 완전미분을 얻는다. β가 상수이면

$$\int \frac{dQ}{T} = \frac{Rk}{\mu} \log[T^{3/2(1+\beta)} \rho^{-1}] + \text{const}.$$

이것이 이른바 기체의 엔트로피이다.

만약 여러 종류의 기체가 각각 분리된 용기 내에 있다면, 기체 온도가 같든지 다르든지 공급된 열의 총량은 각 기체에 공급된 열의 합일 것이며, 총

엔트로피 또한 각 기체의 엔트로피의 합일 것이다. 질량이 $k_1, k_2, \cdots$, 분압이 $p_1, p_2, \cdots$, 부분밀도가 $\rho_1, \rho_2, \cdots$인 여러 종류의 기체들이 부피 Ω 내에 혼합되어 있다면 총분자에너지는 언제나 각 성분의 분자에너지의 합일 것이다. 총일은 $(p_1 + p_2 + \cdots)d\Omega$이며,

$$\Omega = k_1/\rho_1 = k_2/\rho_2 \cdots, p_1 = \frac{R}{\mu_1}\rho_1 T, p_2 = \frac{R}{\mu_2}\rho_2 T \cdots$$

따라서 기체혼합물이 공급된 열의 미분의 값은:

$$dQ = R\sum \frac{k}{\mu}\left[\frac{3(1+\beta)}{2}T + \rho T d\left(\frac{1}{\rho}\right)\right].$$

이로부터, β가 각 기체에 대하여 동일한 값을 가진다면 몇 종류의 기체의 엔트로피는

$$R\sum \frac{k}{\mu}\log\left[T^{3/2(1+\beta)}\rho^{-1}\right] + \text{const}. \tag{58}$$

이 경우 어떤 기체들은 별도의 용기에, 나머지 기체들은 동일한 용기에 혼합되어 있을 수 있다. 후자의 경우를 제외하면 ρ는 부분밀도이며, 모든 혼합되어 있는 기체들의 온도는 같다. 경험에 의하자면 p와 ρ가 변하지 않는다면 식 (58)의 상수는 혼합에 의하여 변하지 않는다.

이제 모든 다른 양들의 물리적 의미를 알았으므로, §5에서 H로 표기된 양의 물리적 의미를 다루어보자. 당분간 우리는 §5에서 논의한 경우, 즉 분자가 완전 구형이어서 $\kappa = 1\frac{2}{3}$인 경우를 보기로 하자.

방정식 (28)을 따르면 한 가지 기체의 단위부피당 $H = \int f\log f d\omega$; 정상상태에 대하여

$$f = ae^{-hmc^2}$$

이므로

$$H = \log a \int f d\omega - hm \int c^2 f d\omega.$$

그러나 $\int f d\omega$가 총분자수 n과 같고

$$\int c^2 f d\omega = n\overline{c^2} = \frac{3n}{2hm}$$

이므로

$$H = n\left(\log a - \frac{3}{2}\right).$$

더구나, 방정식 (44)와 (51a)에 의하면

$$\frac{3}{2hm} = \overline{c^2} = \frac{3RM}{m}T$$

이므로

$$h = \frac{1}{2RMT}$$

방정식 (40)을 따르면

$$a = n\sqrt{\frac{h^2m^3}{\pi^3}} = \rho T^{-3/2}\sqrt{\frac{m}{8\pi^3R^3M^3}}.$$

따라서 상수를 제외하면

$$H = n\log(\rho T^{-3/2}).$$

상수를 제외하면 $-H$가 기체 상태의 확률의 로그임을 알았다. 몇 가지의 사상들이 동시에 발생할 확률은 각 사상의 확률의 곱이며, 그 로그는 각 사

상의 확률의 합이다. 부피를 두 배로 했을 때의 기체 상태의 확률은 $-2H$, 부피를 세 배로 했을 때는 $-3H$, Ω 배의 부피에는 했을 때는 $-\Omega H$이다. 몇 가지 기체들의 경우, 분자 배치 및 그 분자들의 상태분배의 확률 W의 로그는

$$\log W = -\sum \Omega H = -\sum Qn \log (\rho T^{-3/2})$$

이며, 합은 모든 기체에 대하여 행해진다.

모든 기체에 동일한 값인 RM(M은 수소 분자의 질량)을 곱하면,

$$RM \log W = -\sum RM\Omega n \log (\rho T^{-3/2}) = R\sum \frac{k}{\mu} \log (\rho^{-1} T^{3/2}).$$

자연의 변환의 경향은 항상 확률이 작은 상태로부터 확률이 큰 상태로 일어나므로, 만약 이 두 번째 상태에서보다 첫 번째 상태에서 더 크다면, 두 번째 상태로부터 첫 번째 상태로의 변환이 더 쉽게 일어나기 위해서는 또 다른 물체의 작용이 필요할 수도 있다. 그러나 이 변환은 그 밖의 다른 물체의 영속적인 변화 없이도 가능할 것이다. 반면, W가 두 번째 상태에서 더 작다면, 변환은 다른 물체가 더 확률이 높은 상태를 취할 때에만 일어날 것이다. $-H$로부터 일정한 비율과 상수항만큼의 차이를 보이는 양 $RM \log W$는 W가 증가(감소)하면 따라서 증가(감소)하므로, W에 대해서도 마찬가지로 말할 수 있다. 그러나 $RM \log W$는, 비열의 비가 $1\frac{2}{3}$ 인 경우, 모든 기체들의 엔트로피이다.

경험적으로 정확한 표현인 식 (58)에서 $\beta = 0$으로 놓으면 이것을 금방 알 수 있다. 자연에서 엔트로피는 극대화되려 한다는 사실은, 실제기체의 모든 상호작용(확산, 열전달 등)에 있어서 개개의 분자들은 그 상호작용에서 확률의 법칙을 따르거나, 혹은 실제기체가 우리가 생각하는 분자-무질서 기체와 마찬가지로 거동한다는 것을 보여준다.

열역학 제2법칙은 그러므로 확률법칙이다. 우리는 지나치게 일반화하여 이해하기 어렵게 하지 않기 위하여 특수한 경우에 이것을 증명했다. 더구나, 임의의 부피 Ω의 기체에 대하여 ΩH —몇 가지 기체의 경우에는 $\sum \Omega H$— 가 충돌에 의하여 감소할 수만 있어서 상태의 확률의 척도로 사용될 수 있다는 명제의 증명은 단지 암시되기만 했다. 이에 대한 명백한 증명은 쉬운데, §19에서 주어질 것이며, 아직까지는 문제를 일반화하고 또한 결론을 깊게 할 필요가 있다.

우리는 기체이론의 타당성을 역학적 모델에 대해서만 보였지만, 그 결과로 얻어진 엔트로피 원리가 이 주제의 핵심을 정확하게 짚었다고 믿는다. 어떤 면에서 우리는 엔트로피 원리를 일반화한 것인데, 정상상태에 있지 않은 기체의 경우에도 엔트로피를 정의할 수 있었기 때문이다.

§9. 충돌횟수

이제 우리는 §19에서처럼 두 종류 기체의 혼합물을 생각하여 거기에서 사용했던 기호를 적용하기로 한다. 방정식 (10), (13), (15)를 만족하는 m-분자(질량 m의 첫 번째 종류의 분자)와 m_1-분자(질량 m_1의 두 번째 종류의 분자) 사이의, 방정식 (18)로 주어지는, 단위부피당 시간 dt 동안의 충돌수로부터 시작해본다.

§7의 방정식 (41), (42)로 얻어진 열평형의 상태만을 생각해보기로 하자.

우선, 어떤 제약도 없이, 단위부피당 시간 dt 동안에 m-분자와 m_1-분자 사이에 몇 번의 충돌이 일어날지를 생각해보면, 이것은 우리가 미분을 적분했을 때 충돌에 적용했던 세 가지 제약조건들을 제거함으로써 얻어진다. 적분의 상한과 하한을 구하기 위하여, 그림 5에서처럼 충돌 전 분자들의 속도 c, c_1을 선분 OC와 OC_1으로 나타내자. 선분 OG는 충돌 전 분자 m_1-분자에 대한 m-분자의 상대속도에 평행하고, 중심이 O에 있는 반지름 1의 구(E)가 점 G에서 교차한다. 선분 OK는 m에서 m_1으로 향하는 중심선과 동일한 방향을 가지며, 점 K에서 구 E와 교차한다. KOG 각을 θ로 표기한다. 두 평면 KOG와 COC_1이 이루는 각 ϵ가 $d\epsilon$만큼 증가할 때에 θ가 $d\theta$만큼 증가하도록 선분 OK의 위치가 변화하도록 하자. 그림 5의 원은 구 E와 평면 COC_1의 교차이어서, 완전히 독립적인 좌표계가 비껴져 있다고 하면 이 원을 그림의 평면으로 할 수 있을 것이다. θ와 ϵ가 각각 $[\theta, \theta+d\theta]$와 $[\epsilon, \epsilon+d\epsilon]$ 구간의 모든 값을 취하는 경우, K는 E 표면 위의 표면적 요소 $\sin\theta\, d\theta\, d\epsilon$를 나타낸다. §4에서 본 바와 같이 이 표면요소를 $d\lambda$로 할 수 있으며, 방정식 (18)에 의하면

$$d\nu = f d\omega F_1 d\omega_1 g\sigma^2 \cos\theta \sin\theta d\theta d\epsilon dt.$$

두 점 C와 C_1이 그 안에 있는 두 부피요소 $d\omega$, $d\omega_1$을 고정하고 θ와 ϵ의 모든 값, 즉 θ를 0에서 $\pi/2$까지, ϵ를 0부터 2π까지 $d\nu_1$를 적분하면

$$d\nu_1 = f d\omega F_1 d\omega_1 g\sigma^2 \pi dt \tag{59}$$

를 얻는다.[19)]

19) 이 식에서 $f d\omega$ 대신에 1을, $F_1 d\omega_1$ 대신에 n을, g 대신에 c를, dt 대신에 1을 치환하면, 분자가 정지해 있는 동일한 분자들 사이에서 일정 속도 운동할 때의 단위시간당 충돌수로

$$\nu_r = \pi n \sigma^2 c \tag{60}$$

를 얻는다. σ는 움직이는 분자와 정지해 있는 분자의 반지름의 합이다. 움직이는 분자에 의하여 충돌 사이에 이동한 경로는 평균적으로

$$\lambda_r = \frac{c}{\nu_r} = \frac{1}{\pi n \sigma^2}$$

의 길이를 가진다.

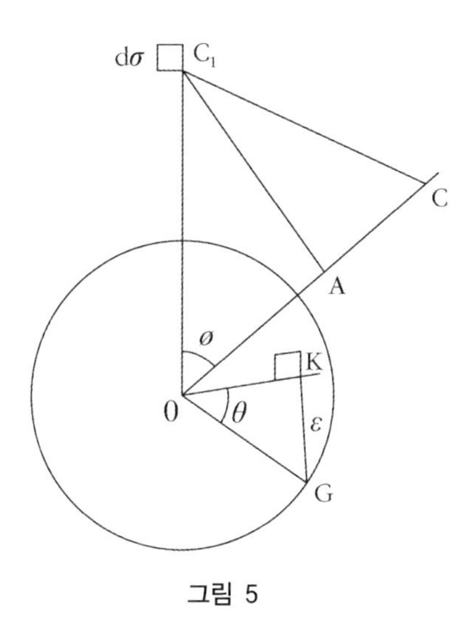

그림 5

따라서 이는 단위부피당 시간 dt 동안에 m-분자와 m_1-분자 사이에 일어나는 충돌의 총횟수이며, 충돌 전에는:

1. m-분자의 속도점은 부피요소 $d\omega$ 내에 있다.
2. m_1-분자의 속도점은 부피요소 $d\omega_1$ 내에 있다.

한편, 조건 (15)는 여기에서 빠졌으므로, 중심선의 방향에는 어떠한 제약조건도 없다. 그림 5의 COC_1 각을 θ로 표기, 점 C를 고정하고 C_1을 움직여서 선분 OC_1이 c_1과 c_1+dc_1 사이의 모든 값을, 그리고 각 ϕ가 ϕ와 $\phi+d\phi$ 사이의 모든 값을 가지도록 이동할 수 있도록 한다. 이렇게 하여 그림 5에 $d\sigma$로 표기된, 면적 $c_1dc_1d\phi$의 표면요소를 OC로부터 $C_1A=c_1\sin\phi$ 의 거리에 얻는다. 이 표면요소가 OC를 축으로 회전할 수 있도록 하면, 그 결과로 부피 $2\pi c_1^2\sin\phi\, dc_1\, d\phi$ 의 고리가 형성된다. m_1-분자의 속도점 C_1이 항상 고리

R 내에 있도록 ϕ와 c_1에 대하여 적분하는 것은 언제나 가능하다. (m-분자의 속도점이 $d\omega$ 안에 있고 m_1-분자의 속도점은 고리 R 안에 있게 되는) 단위부피당, 시간 dt 동안에 m-분자와 m_1-분자 사이에 일어나는 충돌의 총횟수는 $d\nu_1$을 고리 내의 모든 부피요소들에 대하여 $d\omega_1$으로 적분하여 구한다. 즉, $d\nu_1$에서

$$d\omega_1 = 2\pi c_1^2 \sin\phi \, dc_1 \, d\phi$$

로 놓으면

$$d\nu_2 = 2\pi^2 f d\omega F_1 c_1^2 g \sigma^2 \sin\phi dc_1 d\phi dt. \tag{61}$$

c_1의 크기와 방향에 대한 어떠한 제약도 제거하기 위해서는 c를 일정하게 두고 ϕ(0부터 π까지)와 c_1(0부터 ∞까지)에 대하여 적분하면 된다.

$$d\nu_3 = 2\pi^2 \sigma^2 dt f d\omega \int_0^\infty \int_0^\pi F_1 c_1^2 g \sin\phi dc_1 d\phi. \tag{62}$$

$g^2 = c^2 + c_1^2 - 2cc_1 \cos\phi$, $\sin\phi d\phi = g\,dg/cc_1$ 이므로

$$\int_0^\pi g \sin\phi d\phi = \frac{g_\pi^3 - g_0^3}{3cc_1}.$$

$\phi = \pi$에서의 상대속도 g_π는 $c + c_1$이다. $\phi = 0$에 대한 상대속도 g_0는 $c_1 < c$이면 $c - c_1$이지만, $c_1 > c$이면 $c_1 - c$이다. 따라서 $c_1 < c$이면

$$\int_0^\pi g \sin\phi d\phi = \frac{2(c_1^2 + 3c^2)}{3c}$$

이지만, $c_1 > c$이면

$$\int_0^\pi g \sin\phi d\phi = \frac{2(c^2+3c_1^2)}{3c_1}$$

이다. 그러므로 방정식 (62)의 적분을 두 부분으로 나누어야 할 것이다.[20)]

$$(63) \quad d\nu_3 = \frac{4}{3}\pi^2\sigma^2 f d\omega dt [\int_0^c F_1 c_1^2 \frac{c_1^2+3c^2}{c} dc_1 + \int_c^\infty F_1 c_1^2 \frac{c^2+3c_1^2}{c_1} dc_1].$$

위 식의 $d\nu_3$는 그러므로 속도점이 $d\omega$인 m-분자들이 m_1-분자들과 이루

20) 만약 방정식 (61)에서 $4\pi F_1 c_1^2 dc_1$ 대신에 n_1을, dt 대신에 1을, $fd\omega$ 대신에 1을 넣고, ϕ에 대하여 0부터 π까지 적분하면, m-분자가 일정 속도로 움직일 때 단위시간당 m_1-분자와 충돌하는 횟수 ν'를 얻는다. 동일한 속도의 크기 c_1으로 움직이지만, 방향은 공간에서 골고루 분포된 단위부피당 $n_1 m_1$개의 분자를 가정하면, 적분값은

$$(65) \qquad \nu' = \frac{\pi\sigma^2 n_1}{3c}(c_1^2+3c^2)\ (c_1 < c)$$
$$\nu' = \frac{\pi\sigma^2 n_1}{3c_1}(c^2+3c_1^2)\ (c_1 > c).$$

나아가서, m_1-분자가 m-분자와 같으며, 단위부피당 개수가 $c_1 = c$, 분자의 지름을 s라 하면, 한 분자가 속도의 크기는 같지만, 방향은 모두 다른 분자들과 경험하는 단위시간당 횟수는

$$(66) \qquad \nu'' = \frac{4}{3}\pi n s^2 c,$$ 평균자유행로는

$$(67) \qquad \lambda_{\text{Claus}} = \frac{c}{\nu''} = \frac{3}{4\pi n s^2} = \frac{3}{4}\lambda_r.$$

이것은 클라우시우스에 의하여 계산된 평균자유행로이며, 이전에 맥스웰에 의하여 유도된, 본문 중의 값과는 다소 다르다.[R. Clausius, Ann. Physik [2] **105**, 239(1859); J. C. Maxwell, Phil. Mag. [4] **19**, 19(1860); 클라우시우스는 Phil. Mag. [4] **19**, 434(1860)에서 자신의 원래 값을 옹호했다. 맥스웰은 자신의 결과를 증명하지 않았지만, 나중에 W. D. Niven이 맥스웰의 *Scientific papers*, Vol. 1, p. 387에서 이를 증명했다.]
단위부피 내에 지름이 s인 분자 n개와 지름이 $s_1 = 2\sigma - s$인 분자 n_1개가 있고, n개의 분자들이 동일한 속도 c로 움직이고, n_1개의 분자들이 동일한 속도 c_1으로 움직이고, 공간의 모든 방향에 균일하게 분포되어 있다면 n개의 분자들 중 한 개의 분자는 $\nu' + \nu''$번의 충돌을 일으키며, 그 평균자유행로는:

$$\lambda' = \frac{c}{\nu' + \nu''} = \frac{3c^2}{4\pi n s^2 c^2 + \pi\sigma^2 n_1 (c_1^2 + 3c^2)}\ (c_1 < c)$$
$$= \frac{3cc_1}{4\pi n s^2 cc_1 + \pi\sigma^2 n_1 (c^2 + 3c_1^2)}\ (c_1 > c).$$

는 총충돌횟수를 나타낸다. 이 횟수를 $fd\omega$(m-분자들의 개수)로 나누고, 그 결과를 ν_c라고 하면 시간 dt 동안에 속도가 c인 m-분자들이 m_1-분자들과 이루는 충돌의 확률을 얻는다; 즉, 이 값

$$\nu_c dt = \frac{d\nu_3}{fd\omega} \tag{64}$$

는 기체 혼합물 중에서 속도 c로 운동하는 많은 수 A의 m-분자들 중 얼마가 시간 dt 동안에 m_1-분자들과 충돌할지를 나타내는 것이다.

다시 말하면: 기체 혼합물 중에서 일정 속도 c로 운동하는 m-분자를 생각해보자. 각각의 충돌 후에 그 속도는 어떤 외부의 요인에 의하여 c로 되돌아가고, 속도분포는 이 한 개의 분자에 의하여 바뀌지 않는다면, $\nu_c dt$는 단위시간 동안에 평균적으로 이 분자가 m_1-분자들과 이루는 충돌할 확률이다. F_1 대신에 방정식 (42)로 주어지는 그 값을 방정식 (63)과 (64)에 치환하면

(69)
$$\nu_c = \begin{cases} \frac{4}{3} n_1 \sigma^2 \sqrt{\pi h^3 m_1^3} \left[\int_0^c c_1^2 e^{-hm_1 c_1^2} \frac{c_1^2 + 3c^2}{c} dc_1 + \int_c^\infty c_1^2 e^{-hmc^2} \frac{c^2 + 3c_1^2}{c_1} dc_1 \right] \\ = \frac{4}{3} n_1 \sigma^2 \sqrt{\pi h^3 m_1^3} \left[\left(2hm_1 c^2 + \frac{3}{2} \right) \frac{1}{h^2 m_1^2} e^{-hm_1 c^2} + \int_0^c c_1^2 e^{-hm_1 c_1^2} \frac{c_1^2 + 3c^2}{c} dc_1 \right]. \end{cases}$$

따라서

$$\int c_1^{2n} e^{-\lambda c_1^2} dc_1 = -\frac{1}{2\lambda} c_1^{2n-1} e^{-\lambda c_1^2} + \frac{2n-1}{2\lambda} \int c_1^{2n-2} e^{-\lambda c_1^2} dc_1$$

이므로

$$\nu_c = n_1 \sigma^2 \sqrt{\frac{\pi}{hm_1}} \left[e^{-hm_1 c^2} + \frac{2hm_1 c^2 + 1}{c\sqrt{hm_1}} \int_0^{c\sqrt{hm_1}} e^{-x^2} dx \right]. \tag{70}$$

두 번째 분자들에 관련되는 모든 양들(n_1, m_1, σ_1)을 첫 번째 분자들에 관련되는 것들(n, m, s)로 바꾸면, ν_c는

$$(71) \qquad N_c = ns^2\sqrt{\frac{\pi}{hm}}\left[e^{-hmc^2} + \frac{2mhc^2+1}{c\sqrt{hm}}\int_0^{c\sqrt{hm}} e^{-x^2}dx\right]$$

이 된다. N_c는 기체 혼합물 중에서 일정 속도 c로 운동하는 m-분자가 단위 시간 동안에 다른 m-분자들과 충돌하는 횟수이다.

방정식 (43)으로 주어지는 양 dn_c는 n개의 m-분자들 중에서 평균적으로 몇 개가 속도 c와 $c+dc$ 사이의 속도를 가질지를 나타낸다. dn_c/n은 그러므로 한 개의 m-분자가 그 사이의 속도를 가질 확률이고, 이 분자를 충분히 긴 시간 T 동안 추적한다면 그 속도가 c와 $c+dc$ 사이일 시간의 비율은 Tdn_c/n이다. 이 시간 동안에 m-분자는 m_1-분자와 $\nu_c Tdn_c/n$번, 다른 m-분자와는 $N_c Tdn_c/n$ 번 충돌한다. 따라서 각 m-분자는 m_1-분자와 총 $(T/n)\int \nu_c dn_c$번, 다른 m-분자와는 총 $(T/n)\int N_c dn_c$번 충돌하며, 단위시간 동안 각 m-분자는 평균적으로 m_1-분자와는 총 $\nu = (1/n)\int \nu_c dn_c$번, 다른 m-분자와는 총 $N = (1/n)\int N_c dn_c$번 충돌하며, 총 $(\nu + N)$의 충돌이 발생한다.

방정식 (69)를 적분하면;

$$\nu = \frac{16}{3}n_1 s^2 h^3\sqrt{m^3 m_1^3}\,(J_1 + J_2).$$

여기에서

$$J_1 = \int_0^\infty e^{-hmc^2}c^2 dc \int_c^\infty c_1^2 e^{-hm_1c_1^2}\frac{c^2+3c_1^2}{c_1}dc_1$$

$$= \frac{1}{h^2 m_1^2} \int_0^\infty e^{-h(m+m_1)c^2} c^2 dc \left(2hm_1c^2 + \frac{3}{2}\right)$$

$$= \frac{3(m+2m_1)}{8m_1^2} \sqrt{\frac{\pi}{h^7(m+m_1)^5}},$$

$$J_2 = \int_0^\infty e^{-hmc^2} c^2 dc \int_0^c c_1^2 e^{-hm_1c_1^2} \frac{c_1^2+3c^2}{c} dc_1.$$

두 번째 적분에서, c는 0부터 무한대까지의 모든 값을 갖지만, c_1은 주어진 c보다 작은 값만을 취한다. 적분의 순서를 바꾸면 c_1은 0부터 무한대까지의 모든 값을 갖지만, c는 c_1보다 큰 값만을 취한다. 따라서:

$$J_2 = \int_0^\infty e^{-hmc_1^2} c_1^2 dc_1 \int_{c_1}^\infty c^2 e^{-hmc^2} \frac{c_1^2+3c^2}{c} dc_1.$$

정적분 내의 변수를 임의로 지정할 수 있으므로 c와 c_1을 바꾸어보면, J_1는 J_1에서 m과 m_1을 교환한 식이 되므로:

$$J_2 = \frac{3(m_1+3m)}{8m^3} \sqrt{\frac{\pi}{h^7(m+m_1)^5}}$$

이므로,

$$(72) \qquad \nu = \begin{cases} 2\sigma^2 n_1 \sqrt{\dfrac{\pi(m+m_1)}{hmm_1}} = \pi\sigma^2 n_1 \sqrt{\dfrac{m+m_1}{m_1}} \cdot \bar{c} \\ = \pi s^2 n_1 \sqrt{(\bar{c})^2 + (\bar{c_1})^2} = 2\sqrt{\dfrac{2\pi}{3}}\, \sigma^2 n_1 \sqrt{(\bar{c})^2 + (\bar{c_1})^2}. \end{cases}$$

(n_1, m_1, σ)을 (n, m, s)로 바꾸면:

$$(73) \qquad N = 2ns^2 \sqrt{\frac{2\pi}{mh}} = \pi n s^2 \bar{c} \sqrt{2}.$$

단위부피당 n개의 m-분자가 있고, 각각이 단위시간당 m_1-분자와 ν번

충돌하므로, m-분자와 m_1-분자 사이에는 총

$$(74) \qquad \nu n = 2\sigma^2 n n_1 \sqrt{\pi} \sqrt{\frac{m+m_1}{hmm_1}}$$

번의 충돌이 발생한다. 그렇지만 두 m-분자 사이의 충돌은 언제나 동일한 종류 사이에서 일어나므로, m-분자 사이의 충돌횟수는

$$(75) \qquad \frac{Nn}{2} = s^2 n^2 \sqrt{\frac{2\pi}{hm}}.$$

m_1-분자들 사이의 충돌에 대해서도 마찬가지의 식이 성립한다.

§10. 평균자유행로

단위부피당 n개의 m-분자가 있다고 하자. 첫 번째 분자의 속도가 c_1, 두 번째 분자의 속도가 $c_2 \cdots$ 라 하면, $\overline{c_z} = (c_1 + c_2 + \cdots)/n$는 평균속도이다. 이것을 수-평균(number-average)이라 하자. 정상상태라면 $\overline{c_z}$가 시간에 따라 변하지 않을 것이다. $\overline{c_z}$에 dt를 곱하고 매우 긴 시간 T에 대하여 적분하면:

$$nT\overline{c_z} = \int_0^T c_1 dt + \int_0^T c_2 dt \ \cdots$$

매우 긴 시간 동안 모든 분자들은 동일한 식으로 운동하여, 모든 합은 동일하므로 $\overline{c_z} = \overline{c_t}$ 이며,

$$\overline{c_t} = \frac{1}{T}\int_0^T c dt$$

는 한 개 분자의 속도의 시간평균이다.

$$\int_0^T cdt = T\overline{c_t}$$

는 분자가 시간 T 동안에 이동한 모든 거리에 대한 합이다. 그러나 이 분자가 그 사이에 다른 분자와 $T(\nu+N)$번의 충돌을 일으키므로 두 번의 인접한 충돌 사이에 분자가 이동한 평균거리(두 번의 인접한 충돌 사이에 분자가 이동한 거리의 산술평균)는

$$\lambda = \frac{\bar{c}}{\nu+N} = \frac{1}{\pi\left(\sigma^2 n_1\sqrt{\frac{m+m_1}{m}} + s^2 n\sqrt{2}\right)}. \tag{76}$$

시간-평균과 수-평균은 동일하므로 그 사이의 차이는 무시될 것이다. λ를 단위시간 동안에 단위부피 내의 모든 m-분자들이 두 번의 인접한 충돌 사이에 이동한 평균거리로 정의하더라도 같은 값을 얻을 것이다. 단순한 기체의 경우에:

$$\lambda = \frac{\bar{c}}{N} = \frac{1}{\pi n s^2\sqrt{2}} = \frac{\lambda_r}{\sqrt{2}}. \tag{77}$$

이 값은 클라우시우스에 의하여 계산된 값[(60), (67) 참조]의 $\frac{2\sqrt{2}}{3}$배이다.

혼합 기체 안에서 일정 속도 c로 운동하는 분자는 단위시간당 c의 거리를 이동할 것이며, 이 시간 동안에 다른 분자들과 $(\nu+N)$번의 충돌을 일으키므로, 두 번의 인접한 충돌 사이에 평균적으로

$$\lambda_c = \frac{c}{\nu_c + N_c} \tag{78}$$

만큼 이동할 것이다.[21] 속도 c를 가진 모든 분자들은 동일한 조건하에 있을 것이므로 λ_c는 또한 그런 분자가 한 시각에서 다음 충돌 사이에 이동한 거리일 것이다. 어떤 순간에 많은 분자들이 모두 c의 속도를 가지고, 한 시각에서 다음 충돌 사이에 이동한 모든 거리의 평균을 취하여도 같은 값 λ_c를 얻을 것이다. 시간을 거꾸로 돌려도 마찬가지일 것이다. 어떤 순간에서도 속도가 c인 많은 분자들이 있을 것이며, 이 분자들이 마지막 충돌과 시각 t_1 사이에 움직인 평균거리 역시 λ_c일 것이다.

이에 대하여는, 클라우시우스가 지적한 대로, 잘못된 추론이 도출된 것인데, 이것을 언급할 필요가 있겠다. 매우 긴 시간 동안 일정 속도 c로 움직이는 m-분자를 생각해보자. 어떤 순간 t에서 그 위치가 B라 하자. 이 분자가 마지막 충돌 이후 B로부터 얼마의 거리를 움직였는지, 모든 가능한 위치 B에 대하여 그 거리의 평균을 취하면 그 값은 λ_c일 것이다.

마찬가지로, 분자가 첫 번째 충돌을 일으킨 후 시간 t까지 이동한 거리 B의 평균 역시 λ_c이다. 하지만 이전 충돌로부터 다음 충돌까지 이동한 거리 B의 합은 두 인접한 충돌 사이의 경로와 같으므로, 두 인접한 충돌 사이의 평균거리는 $2\lambda_c$인 것으로 보일 것이다. 이 결론은 잘못된 것인데, 그 이유는 위치 B가 상대적으로 더 긴 경로 상에 존재할 확률이 짧은 경로 상에 있을 확률보다 더 클 것이기 때문이다. 두 충돌 사이의 모든 경로의 평균을 취한다 하자. m-분자의 전체 경로 상에 B를 놓고, 위치 B와 다음 혹은 이전 충돌

21) ν_c, N_c의 값들을 치환함에 있어서 λ_c는 c가 증가하면 극한 λ_r에 접근함[방정식 (60)]을 쉽게 알 수 있다. 사실, 한 개의 분자가 매우 큰 속도로 움직인다면 다른 분자들은 정지해 있는 것처럼 거동한다. 평균자유행로는 물론 모든 속도가 같은 비율로 증가하거나 감소해도 변하지 않으므로, 변형이 무시되는 탄성분자들에 있어서 λ는 일정한 밀도에서는 온도에 따라 변하지 않는다.

사이의 거리를 평균한다면, 짧은 경로가 상대적으로 더 빈번할 것이다.

간단한 예를 드는 것이 장황한 설명보다 더 좋을 듯하다. 주사위를 던진다고 하자; 두 번의 "1"이 나오는 사이에 평균적으로 다섯 번의 다른 숫자가 나올 것이다. 두 번 던지는 사이의 간격 J를 생각해보면, J와 다음번에 "1"이 나오는 사이에는 $2\frac{1}{2}$ 번이 아닌, 다섯 번을 던져야 한다. 마찬가지로, J와 그 이전에 "1"이 나오는 사이에는 다섯 번을 던져야 할 것이다.

테이트는 평균자유행로 λ를 약간 다른 식으로 정의했다. 우리는 위에서 시간 t에서 단위부피당 dn_c개의 분자들이 c와 $c+dc$ 사이의 속도로 움직이고, 이 분자들이 모두 충돌 간에 평균적으로 λ_c의 거리를 이동한다고 하였다. 어떤 순간에 단위부피당 n개의 m-분자들이 충돌 사이에 이동한 거리의 평균을 취하면:

$$\lambda_T = \frac{1}{n}\int \lambda_c dn_c = \frac{1}{n}\int \frac{c dn_c}{\nu_c + N_c} \tag{79}$$

을 얻는다. 식 (70)과 (71)의 값을 대입하고 식을 약간 간소화하면:

$$\lambda_T = \frac{1}{\pi n s^2}\int_0^\infty \frac{4x^2 e^{-x^2} dx}{\psi(x) + \frac{n_1 \sigma^2}{n s^2}\psi\left(x\sqrt{\frac{m_1}{m}}\right)}. \tag{80}$$

여기에서

$$\psi(x) = \frac{1}{x}e^{-x^2} + \left(2 + \frac{1}{x^2}\right)\int_0^x e^{-x^2} dx. \tag{81}$$

m-분자들만이 있을 경우에 식 (80)은 다음과 같이 간단해진다:

$$\lambda_T = \frac{1}{\pi n s^2}\int_0^\infty \frac{4x^2 e^{-x^2} dx}{\psi(x)}.$$

이 정적분의 값은 0.677464이며,[22] 테이트가 구한 값[23]과 소수점 셋째 자리까지 일치한다.

$$\lambda_T = \frac{0.677464}{\pi n s^2}.$$

λ_T가 이전에 λ로 표기된 평균값에 비하여 다소 작다는 것을 쉽게 알 수 있는데, 이것은 λ가 단위시간당 단위부피 내 모든 분자들이 이동한 경로들의 평균이기 때문이다. 각 분자는 따라서 분자가 단위시간당 일으키는 충돌 수만큼의 경로를 산술평균값에 기여한다. 그러나 테이트의 방식에 의하면 각 분자는 한 개만의 경로를 기여한다. 속도가 빠른 분자는 느린 분자에 비하여 더 빈번히 충돌하며, 또한 충돌 사이에 더 먼 거리를 이동하므로, 첫 번째 방법에서는 더 먼 경로가 더 자주 기여하게 된다. 그러므로 평균값은 두 번째 방식에 의한 것보다 더 클 것이다.

테이트는 평균행로를 두 충돌 간의 평균시간과 평균속도의 곱으로도 정의할 수 있음을 지적했는데, 이것은

$$\bar{c} \cdot \int \frac{c dn_c}{\nu_c + N_c}$$

로 주어진다. 간단한 기체의 경우에는:

$$\frac{0.734}{\pi n s^2}.$$

두 충돌 간의 평균시간 간격도 마찬가지로 달리 정의될 수 있다; 하지만 이

22) Boltzmann, Wien. Ber. **96**, 905(Oct. 1887).
23) Tait, Trans. R. S. Edinburgh **33**, 74(1886).

미 별로 중요하지 않은 이 개념에 너무 많은 시간을 투입할 필요는 없으며, 이는 오직 기본 개념을 가능한 한 명확히 하기 위해서만 필요할 것이다.

평균자유행로에 대하여 두 가지 다른 값을 얻은 것은 계산의 오류 때문이 아님은 명백하다. 각각의 값은 정의한 바에 의하면 정확한 것이다. 만약 정확히 행하여진 계산의 결과로 평균자유행로를 포함하는 수식이 유도된다면, 계산 자체로부터 어떤 정의가 사용되었는지가 명확할 것이다. 수식이 얻어지는 계산이 부정확할 때에만 의심의 여지가 있을 것이다.

§11. 분자운동에 의한 물리량의 수송에 대한 기본 방정식

질량이 m 인 단순기체의 수직 원통기둥을 생각해보자. 위 방향으로 z-축을 설정하여, 기체기둥의 바닥을 평면 $z = z_0$, 꼭대기를 평면 $z = z_1$ 으로 하자. 이 두 평면 사이의 거리는 기체기둥의 단면적에 비하여 작아서, 기체기둥의 측면 벽에 의한 효과는 무시할 수 있다고 하자. 기체분자가 가질 수 있는 양을 Q라 하여, 용기의 윗면으로부터 반사되어 나온 분자가 (그전에는 어떤 값을 가졌다 할지라도) G_1의 Q 값을 가진다고 하자. 마찬가지로, 용기의 아랫면으로부터 반사되어 나온 분자가 G_0의 Q 값을 가진다고 하자. 예를 들면, 분자가 전기를 통하는 지름 s 의 구형이고, 용기의 윗면과 아랫면이 각각 1과 0의 일정 전위를 가진 금속판이라 하면, 각 분자는 아랫면으로부터 반사될 때에는 전하를 가지지 않지만 윗면에서 반사될 때에는 $s/2$의 전하를 가지게 된다. Q는 이 경우에 전기의 양일 것이며, Q의 수송은 전기전도일 것이다. 아랫면은 고정되어 있고, 윗면이 가로축 방향으로 이동한다면 Q는 가로축 방향으로 측정되는 운동량, Q의 수송은 점성이다. 윗면과 아랫면의 온도가 다르다면 열전도 현상일 것이다.

특히, G_1이 G_0보다 크다고 하자. 어떤 z, 즉 윗면과 아랫면 사이의 xy 평면에 평행한 어떤 층(이것을 z층이라 하자)에서 분자는 평균적으로 $G(z)$의 값을 가진다고 하자.

이 층에 단위면적의 작은 평면 AB를 상상해보자. AB를 위에서 아래로 통과하는 분자가 더 위층에서 AB를 통과하기 전에 마지막 충돌을 일으켰다고 하자.

이 경우 기체는 위층에서 왔으므로, 평균적으로 $G(z)$보다 더 큰 Q 값을 가질 것이다. 아래쪽에서 AB를 통과한 분자는 평균적으로 더 작은 Q 값을 가지며, 단위시간당 Γ만큼의 Q가 위에서 아래로 전달될 것이고, 이 Γ를 결정하는 것이 우리의 과제이다. 분자들 중에서 우리는 c와 $c+dc$ 사이의 속도를 가진 것만을 생각해보기로 한다. 단위부피 내에는 dn_c개의 이러한 분자들이 존재한다. 방정식 (38)에 따르면 이 중에서,

$$dn_{c,\theta} = \frac{dn_c \sin\theta d\theta}{2}$$

개만이 그 속도가 음의 z-축과 θ와 $\theta+d\theta$ 사이의 각을 이루며 운동한다. 시간 dt 동안에 각 분자는 길이 $c\,dt$의 경로를 움직이며, z-축과 θ의 각을 이룬다.

그러므로 시간 dt 동안에 초기에 밑변이 AB이고, 부피가 $c\cos\theta dt$인 비스듬한 원통 안에 있는 것으로 볼 수 있는 분자들이 AB를 통과할 것이며, 그 개수는

$$\frac{dn_c}{2} c \sin\theta \cos\theta \, d\theta dt$$

이다.[§2 방정식 (3)의 유도 참고]

정상상태라면 단위시간당 $d\aleph = \frac{1}{2} dn_c c \sin\theta \cos\theta \, d\theta$ 개의 분자들이 평면 AB를 위에서 아래로 통과할 것이며, 그 속도는 c와 $c+dc$ 사이이고 음의 축과 θ와 $\theta+d\theta$ 사이의 각을 이룬다. 이 분자들 중 한 개가 시간 t에 AB를 통과한다고 하고, 마지막 충돌과 t 사이에 이동한 경로를 λ' 으로 표기하면, 이 경로는 명백히 z-좌표가 $z+\lambda' \cos\theta$인 층에서 발행하고, 각 분자는 $G(z+\lambda' \cos\theta)$의 Q 값을 가진다; 따라서 이 분자는 AB를 통과하며, λ' 이 작으므로

$$G(z) + \acute{\lambda} \cos\theta \frac{\partial G}{\partial z}$$

의 Q를 전달한다.

위에서 취급된 모든 분자들은 평면 AB를 위에서 아래로 통과할 때에

$$d\aleph \; G(z) + \frac{\partial G}{\partial z} \cos\theta \sum \acute{\lambda}$$

의 Q를 전달하며, $\sum \acute{\lambda}$는 $d\aleph$ 분자들의 경로에 대한 합이다. $\sum \acute{\lambda}$를 분자 개수 $d\aleph$과 평균자유행로의 곱으로 할 수 있는데, 본문 중 방정식 (78)에 따르는 내용에 의하면 평균자유행로는 λ_c로 표기되는 양과 같다. 따라서 $\sum \lambda' = \lambda_c d\aleph$ 이며, $d\aleph$ 분자들에 의하여 단위시간당 표면을 위에서 아래로 전달되는 Q의 양으로:

$$d\aleph \left[G(z) + \lambda_c \cos\theta \frac{\partial G}{\partial z} \right]$$

를 얻는다.

$d\aleph$의 값을 넣고, dn_c, λ_c, G, $\partial G/\partial z$가 θ의 함수가 아님을 주의하고, θ를 0에서 $\pi/2$까지 적분하면, 속도가 c와 $c+dc$ 사이이고 평면을 위에서 아래로 통과하는 분자들에 의하여 전달되는 Q의 총량은

$$(83)\qquad \frac{c}{4}dn_cG(z)+\frac{c\lambda_c dn_c}{6}\frac{\partial G}{\partial z}$$

이다.

마찬가지로, c와 $c+dc$ 사이의 속도로 아래에서 위로 통과하는 분자들은

$$(84)\qquad \frac{c}{4}dn_cG(z)-\frac{c\lambda_c dn_c}{6}\frac{\partial G}{\partial z}$$

의 Q를 전달한다.

그러므로 모든 분자들에 의하여 위에서 아래로 전달되는 Q의 양은 그 반대방향으로 전달되는 양에 비하여

$$(85)\qquad d\Lambda=\frac{c\lambda_c dn_c}{3}\frac{\partial G}{\partial z}$$

만큼 크다. 모든 분자들이 동일한 속도 c를 가진다고 가정하면, 이 분자들의 속도는 c와 $c+dc$ 사이이며, dn_c를 n으로, λ_c를 각 분자의 평균자유행로로 치환하면 될 것이다. 그러면 $d\Gamma$는 단위시간당 단위면적을 통하여 위에서 아래 방향으로, 그 반대방향에 비하여 더 많이 전달된 Q의 총량 Λ와 같다. 클라우시우스의 평균자유행로에 대산 관계식이 적용될 수 있으므로,

$$\Lambda=\frac{n}{3}c\lambda\frac{\partial G}{\partial z}=\frac{c}{4\pi s^2}\frac{\partial G}{\partial z}$$

이다.

모든 분자들이 동일한 속도 c를 가진다는 가정을 세우지 않으면, 가능한 모든 변수값에 대하여 $d\Lambda$를 적분하면 Λ를 얻을 수 있다. (한 종류의 기체만 존재하므로) 방정식 (78)을 이용하면

$$\lambda_c=\frac{c}{N_c}$$

이다. N_c와 dn_c의 값을 방정식 (71)과 (43)에서 취하면, 간단한 축약에 의하여:

(87) $$I = \frac{1}{3\pi s^2}\frac{1}{\sqrt{hm}}\frac{\partial G}{\partial z}\int_0^\infty \frac{4x^3 e^{-x^2}dx}{\psi(x)}$$

를 얻으며, $\psi(x)$는 방정식 (81)에 의하여 정의된 함수이다.

역학적 구적법에 의하여 구한 이 정적분의 값은 0.838264[24]인데, 테이트[25]에 의하여 나중에 얻어진 값과는 소수점 이하 셋째 자리까지 일치한다.

방정식 (44), (45), (47)로부터:

$$\frac{1}{\sqrt{hm}} = c_w = \frac{\sqrt{\pi}}{2}\bar{c} = \sqrt{\frac{2}{3}}\sqrt{\overline{c^2}}.$$

마찬가지로, 방정식 (67), (77), (82)에 따르면:

$$\frac{1}{\pi s^2} = \lambda n\sqrt{2} = \frac{n\lambda_T}{0.677464} = \frac{4}{3}n\lambda_{\text{Claus}}.$$

$1/\sqrt{hm}$과 $1/\pi s^2$의 값을 넣으면

(88) $$\Lambda = knc\lambda\frac{\partial G}{\partial z}$$

형식의 관계식을 얻으며, c는 속도의 최빈값이든지, 평균값이든지 또는 평균제곱속도의 제곱근이며, λ는 맥스웰, 테이트 혹은 클라우시우스의 평균자유행로이며, k는 각각의 경우에 다른 상수이다. 그러면:

(89) $$k = \frac{1}{3}\sqrt{\frac{\pi}{2}}\int_0^\infty \frac{4x^3}{\psi(x)}e^{-x^2}dx = 0.350271.$$

이 계수는 방정식 (86)으로 주어진 $\frac{1}{3}$과 거의 같다.

24) Boltzmann, Wien. Ber. **84**, 45(1881).
25) Tait, Trans. R. S. Edinburgh **33**, 260(1887).

§12. 전기전도와 기체의 점성

우선 Q가 순전히 분자의 역학적 성질이 아닌 의도적인 예를 생각해보자. 용기의 윗면과 아랫면이 각각 전위 0과 1로 유지되는 전기전도성 평면이며, 두 평면 사이의 거리는 1이라 하자. 측면 벽에 의한 효과는 무시할 수 있다고 하자. 우리는 이 문제를 단순히 연습으로 다룰 것인데, 구형 분자가 전기를 잘 통한다고 하자. 실제로 이러한 경우가 실현될 가능성이 있을지 상관하지 말고, 기체분자의 전하가 그 운동에 영향을 미치지 않는다고 가정한다. G는 분자에 축적된 전기의 양일 것이다. 아랫면으로부터 반사된 분자들은 $G_0 = 0$, 윗면으로부터 반사된 분자들은 $G_1 = s/2$의 값을 가질 것이다. 후자의 경우, 분자의 내부와 표면에서의 전위는 1이며, 이것은 전기량 G_1을 반지름 $s/2$으로 나눈 값과 같다. 기체가 정상상태에 있다면 Λ는 각 단면적에 대해서 동일한 값을 가진다. 분자운동이 전하의 영향을 받지 않는다고 가정하였으므로, 방정식 (88)에 나타나는 다른 양들은 각 단면적에 대해서 동일한 값을 가지며, 따라서 $\frac{\partial G}{\partial z}$는 z에 독립적이다. 윗면과 아랫면 사이의 거리가 1이라면,

$$\frac{\partial G}{\partial z} = \frac{s}{2}$$

이다. 단위시간당 표면을 위에서 아래로 통과하는 분자들에 의하여 전달되는 전기량과 아래로부터 위로 통과되는 분자들에 의하여 전달되는 전기량의 차이는, 방정식 (88)에 의하면:

$$\Lambda = \frac{k}{2} nc\lambda s \tag{90}$$

이다. (물론, 증명되지는 않은) 가정에 따르면 이것이 기체의 전기전도일 것이다.

이제 또 다른 예를 보자. 바닥은 정지해 있고, 윗면은 일정 속도로 가로축 방향으로 움직인다고 하자. 그 결과로 윗면 근처에 있는 분자들은 끌려갈 것이며, 아랫면 근처에 있는 분자들의 움직임은 방해를 받을 것이다. 분자의 가로축 방향의 속도성분의 평균, 즉 이 방향의 가시적 속도는 z-좌표에 따라서 증가할 것이며, z층에서 이 값은 u이다. G는 분자의 가로축 방향의 평균 운동량 mu이니:

$$\frac{\partial G}{\partial z} = m\frac{\partial u}{\partial z},\ \Lambda = knc\lambda m\frac{\partial u}{\partial z} = k\rho c\lambda\frac{\partial u}{\partial z}$$

을 얻는다.

바닥과 z층 사이에 존재하는 기체의 총질량을 M으로 표기하고, 가로축 방향의 질량중심의 속도를 ζ로 하면,

$$\zeta = \frac{\sum m\xi}{M}$$

이며, 여기에서 $\sum m\xi$는 가로축 방향의 모든 입자들의 운동량의 합이다. 기체운동의 결과로, 단위시간당 단위면적을 통하여 아래쪽으로 전달되는 운동량이 위쪽으로 전달되는 운동량보다 크다. 따라서 시간 dt 동안에 $\sum m\xi$은

$$\Lambda\omega dt$$

만큼 증가할 것이며, M은 불변할 것이다. 여기에서 ω는 기체 원통의 단면적이다. 분자운동에 의하여 ζ는

$$d\zeta = \frac{1}{M}\Gamma\omega dt$$

만큼 증가하며, 힘 $Md\tau/dt$가 분자에 작용하더라도 이 증가량은 동일하다. 기체가 정상상태에 있으려면 질량 M의 기체 바깥에서도 크기는 같고 방향은 반대인 힘이 작용해야 하는데, 이것은 오직 바닥으로부터만 발생할 수 있다. 작용과 반작용은 같으므로, 기체는 바닥에

$$M\frac{\partial\zeta}{dt} = \Lambda\omega = k\rho c\lambda\,\omega\frac{\partial u}{\partial z}$$

의 힘을 양의 가로축 방향으로 작용한다. 이 힘이 기체의 점성이다. 점성은 표면 ω에 비례하며, 수직방향 z에 대한 접선 속도 u의 미분에 비례한다.

이 비례상수가 점성계수이며, 그 값은

$$\wp = k\rho c\lambda \tag{91}$$

이다. 15℃, 정상적인 기압의 공기에 있어서, 맥스웰,[26] O. E. 마이어,[27] 쿤트와 바르부르크[28]의 실험결과들은 거의 일치하며,

$$\wp = 0.00019\frac{\text{그램}}{\text{cm 초}}$$

이다. 산소와 질소의 성질은 비슷하며, 위의 식은 어떤 경우에도 근사이므로, 이 값을 질소의 점성계수로 놓을 수 있다. 0℃에서 $\sqrt{\overline{c^2}}$ =492 m, $\bar{c} = 2\sqrt{(2\overline{c^2}/3\pi)}$, $\bar{c}$는 절대온도의 제곱근에 비례하므로, 15℃의 질소의 경우:

$$\bar{c} = 467\ \text{m}.$$

26) Maxwell, Phil. Trans. **156**, 249(1866); Scientific Papers 2, 34.
27) O. E. Meyer, Ann. Physik [2] **148**, 226(1873).
28) Kundt and Warburg, Ann. Physik [2] **155**, 539(1875).

방정식 (91)에서 c를 평균속도로 이해하여, $k = 0.350271$로 하면,

$$\lambda = 0.00001 \text{ cm}$$

을 얻는다. 15℃, 정상적인 기압에서 질소분자가 초당 일으키는 충돌의 수는:

$$N = \frac{\bar{c}}{\lambda} = 4700 \times 10^6$$

이다. 방정식 (77)에 따르면

$$\lambda = \frac{1}{\sqrt{2}\,\pi n s^2}$$

이므로, 두 개의 양 n과 s는 개별적으로 결정될 수 없지만, 두 양 사이에 또 다른 관계가 알려지면 얻을 수 있다.

로슈미트[29]는 여러 물질의 부피를 다루는 방법에 의하여 합당함을 보인 논의에 의하여 n과 s를 결정할 수 있음을 보였다. 구형 분자의 부피는 $\pi s^3/6$ 이다. 분자가 단순한 구형이 아니라면, 이 부피를 두 분자의 중력중심이 충돌 시에 가장 가까이 접근하는 거리와 동일한 지름을 가진 구의 부피라 할 수 있으므로, $\pi n s^3/6$는 분자를 구형으로 생각할 때에 분자가 차지하는 총부피(이를 1로 놓음)의 부분이며, 분자들 사이의 공간 $1 - \pi n s^3/6$은 빈 공간의 부분이다.

기체가 액화될 수 있다고 가정하여, 액체상태에서 총부피는 분자에 의하여 채워진 공간에 비하여 ϵ배라고 하면, $\epsilon \pi n s^3/6$ 는 기체가 액화로 생성되는 액체의 부피이며, 기체의 부피를 1이라 했으므로,

29) Loschmidt, Wien. Ber. **52**, 395. 17(1865).

$$\frac{\epsilon\pi n s^3}{6} = \frac{v_f}{v_g}$$

이며, 여기에서 v_g는 단위부피당 n개의 분자들이 존재하는 밀도를 가진 임의의 양의 기체의 부피이며, v_f는 이 기체의 액체상태의 부피이다. 마지막 방정식에 식 (77)을 곱하면:

$$s = \frac{6\sqrt{2}}{\epsilon}\frac{v_f}{v_g}\lambda$$

을 얻는다.

액체의 부피는 압력이나 온도에 의하여 크게 변하지 않으며, 두 분자들이 충돌 시에 상호 간에 작용하는 힘은 실험실에서 우리가 액체에 가할 수 있는 힘보다 클 것이다. 따라서 액체의 부피가 두 인접한 분자들이 충돌 시에 접근하는 최소의 거리에 해당하는 부피에 비하여, 액체의 부피는 열 배 이상으로 크지는 않을 것이라 가정해도 무방할 것이며, ϵ는 1과 10 사이의 값을 가질 것이다. 로블르스키에 의하여 얻어진 질소의 밀도는 물의 경우와 별로 다르지 않다. 또한, 원자의 부피로부터 두 밀도 간의 차이는 이 근사적인 계산에서 고려해야 할 정도로 크지는 않다. 두 밀도를 같다고 놓으면, 15℃, 대기압의 질소의 경우: $\frac{v_g}{v_f} = 813$을 얻는다. $\epsilon = 1$로 놓으면, $s =$ 0.0000001 cm, 즉 1mm의 백만분의 1이다. 따라서 액체질소 내의 두 분자들의 중력중심 사이의 평균거리와, 기체질소 중의 분자들이 충돌 시에 평균적으로 가장 가까이 접근할 수 있는 거리가 이 값과 이 값의 1/10 사이에 있다고 보아도 좋을 것이다.

25℃, 대기압 질소의 $1cc$ 내에 존재하는 분자들의 개수 n으로는 $2\frac{1}{2}$와 250×10^{12} 사이의 어떤 값이라도 얻을 수 있다.

이 값을 방정식 (90)에 넣으면: $\Gamma = (23\times10^9/\text{초})$. 이것은 정전기 단위로 나타낸 절대 전도도일 것이다. 전자기 비저항(electromagnetic specific resistance)은 따라서:

$$(9\times10^{20}\text{cm}^2/\Gamma\ \text{초}^2) = (4\times10^{10}/\text{cm}^2/\text{초})$$

이다. 각 변의 길이가 1cm인 정육면체 내의 질소는 $(4\times10^{10}\text{cm}/\text{초}) = (40$ 오옴)의 저항값을 가지며, 동일한 부피의 수은은 (1/10600 오옴)의 저항값을 가진다. 질소는 수은보다 전도성이 훨씬 더 작으므로, 분자가 전기를 통하지 않는 구형이라는 가정은 옳지 않다.

분자의 지름에 대한 대략적인 값은 차후에 로타르 마이어,[30] 스토니,[31] 켈빈 경,[32] 맥스웰[33] 및 판데르발스[34]에 의하여 계산되었는데, 이들은 전혀 서로 다른 방법을 사용했음에도 위에 제시된 것과 일치하는 값을 얻었다.

기체의 성질과 상태에 대한 점성계수의 의존도를 알아보기 위하여 ρ를 nm으로, λ를 식 (77)의 값으로 치환하면:

$$\wp = \frac{km\bar{c}}{\sqrt{2}\,\pi s^2}$$

이며, (46)과 (51a)에 의하여

$$\wp = \frac{2k}{s^2}\sqrt{\frac{RMTm}{\pi^3}}\ .$$

따라서 점성계수는 기체밀도에 무관하여, 온도의 제곱근에 비례한다. 점

30) L. Meyer, Ann. Chem. Pharm. **5**(Suppl) 129(1867).
31) Stoney, Phil. Mag. [4] **36**. 132(1868).
32) Kelvin, *Nature*, 1, 551, (1870년 3월); Amer. J. Sci. **50**, 38(1870).
33) Phil. Mag. [4] **46**. 463(1873); Scient. Pap. 2. 372.
34) Van der Waals, *Die Continuität des Gasförmigen und Flüssigen Zustandes*(Leipzig, 1881), Chap. 10.

성계수가 기체밀도에 의존하지 않는 것은 본 계산의 조건 —즉, 평균자유행로가 용기 윗면과 아랫면 사이의 거리에 비하여 작다— 이 만족되는 한에는 물론 성립하며, 특히 쿤트와 바르부르크에 의하여 실험적으로 검증되었다. 온도에 대한 의존성에 대해서는 맥스웰의 실험에 의하여 점성계수가 온도에 비례한다는 것이 알려진바, 이것은 특히 이산화탄소와 같은 쉽게 응축될 수 있는 기체에만 맞는다. 쉽게 응축되지 않는 기체의 경우에는, 차후에 여러 연구자들에 의하여 여기에 제시된 것과 잘 일치하는 수식을 발견하였는데, 점성계수의 온도에 대한 계수는 이 계산에서 제시된 것과 맥스웰에 의하여 관찰된 결과 사이에 놓인다.[35)]

이에 관하여 지적할 첫 번째 사항은, 점성계수가 온도의 제곱근보다 더 빨리 증가한다면 이것이 본 계산의 부정확성을 의미하는 것이 아니라는 점이다. 만약 기체밀도를 변화하지 않으면서 온도를 올리면, 완전탄성의 거의 변형되지 않는 분자의 가정에 따르면 분자운동은 평균적으로 전혀 변하지 않는데, 그 속도가 절대온도의 제곱근에 비례할 뿐이다. 이것은 그만큼 시간이 짧아지는 것과 같아서, 단위시간당 전달된 운동량은 동일한 양만큼 증가한다. 한편, 스테판[36)]에 의하면 s는 온도에 따라서 감소하며, 이것은 다음과 같은 의미를 가진다. 즉, 분자는 절대적으로 강체가 아니어서, 충돌에 의하여 다소 납작해지며, 그 지름은 사실 기체 온도가 높을수록 더 잘 감소한다. 분자는 힘의 중심이며, 분자 간 거리가 크면 상호작용하는 힘은 무시할 정도로 작지만, 가까이 접근함에 따라서 신속히 증가하는, 적절한 거리의 함수로 표기되는 반발력을 작용한다고 맥스웰은 가정한다. 자신이 관찰

35) Vgl. O. E. Meyer, *Die Kinetische Theorie der Gase*. Breslau, Maruschke & Berendt. 1877. p. 157.
36) Stefan, Wien. Ber. **65** (2). 339. (1872).

한 점성의 온도계수를 설명하기 위하여 맥스웰은 이 반발력을 거리의 -5 승 함수로 하였다. 나는 언젠가 이 반발력 대신에 거리의 적절한 함수인 인력을 사용하더라도 기체의 모든 중요한 성질들을 얻을 수 있고, 이에 의하여 해리현상 및 잘 알려져 있는 줄-톰슨 실험을 설명할 수 있음을 말한 바 있다. 분자의 본질을 아직 알지 못하므로, 이 모든 모델들은 실험에 의하여 어떤 것이 맞는지 결정되기 전에는 단순히 역학적 유추로서 같은 기준으로 다루어져야 할 것이다. 어떠한 경우에도 분자의 지름은 정확히 정의된 양일 수가 없는 듯하다. 하지만 액체상태에서 인접한 분자들은 강력하게 상호작용하는 거리에 있고, 두 개 이상의 분자들 사이의 상호작용이 더 이상 예외적인 것이 아니다. 그러므로 분자들은 기체분자들이 이미 직선경로로부터 심하게 벗어나는 정도의 거리에 있고, 위에서 s와 σ로 표기된 양들은 이 거리의 대략적인 값에 다름 아니다. 이 계산이 의미 있으려면, 분자가 변형되지 않는다는 가정으로 돌아가야 한다. 그러면 점성계수에 대한 마지막 방정식으로부터, 점성계수는 동일한 온도의 여러 기체에 있어서 분자의 질량의 제곱근에 비례하며, 분자의 지름의 제곱근에 반비례함을 알 수 있다.

§13. 기체의 열전도와 확산

방정식 (88)로부터 기체의 열전도를 계산하려면, 용기의 윗면과 아랫면의 온도가 다르다고 가정해야 한다. 그러면 G는 분자가 가지고 있는 평균 열량이다. 분자의 진행운동의 운동에너지는

$$\frac{m}{2}\overline{c^2}.$$

분자의 내부운동의 총평균에너지는

$$\beta\frac{m}{2}\overline{c^2}$$

이며, 총평균분자운동에너지는

$$\frac{1+\beta}{2}m\overline{c^2},$$

또는 방정식 (57)에 의하면

$$\frac{1}{3(\kappa-1)}m\overline{c^2}$$

이다.

우리의 가정에 의하면 열이 분자운동의 총에너지에 다름 아니므로, 분자가 가지는 열 G는 역학적 단위로 측정될 것이다. 비열의 비율 κ가 일정하다면(관련된 기체들의 경우에 이것은 아마도 맞을 것이다),

$$\frac{\partial G}{\partial z}=\frac{1}{3(\kappa-1)}m\frac{\partial\overline{c^2}}{\partial z}.$$

방정식 (51a)에 의하면,

$$\overline{c^2}=\frac{3RT}{\mu}$$

이며, 여기에서 $\mu=m/M$은 기체의 분자량이다. 따라서

$$\frac{\partial G}{\partial z}=\frac{Rm}{(\kappa-1)\mu}\frac{\partial T}{\partial z}$$

이며, 방정식 (88)에 의하면

$$\Lambda = \frac{kR\rho\bar{c}\lambda}{(\kappa-1)\mu}\frac{\partial T}{\partial z}$$

이다.

$\frac{\partial T}{\partial z}$의 계수가 기체의 열전도도 Ξ이다. 따라서

$$\Xi = \frac{R\Gamma}{(\kappa-1)\mu} = \frac{2k}{(\kappa-1)s^2}\sqrt{\frac{R^3M^3T}{\pi^3 m}}. \tag{92}$$

밀도와 온도에 대한 기체의 열전도도의 의존성은, 그러므로 κ가 일정하다면, 점성의 경우와 같다. 특히, κ가 일정 온도의 영구기체에 거의 독립적이므로, 열전도도는 밀도에 무관하며, 이는 스테판, 쿤트와 바르부르크에 의하여 실험적으로 확인되었다.

일정 질량의 기체의 일정 압력, 일정 부피에서의 비열을 각각 γ_p, γ_v로 표기하고, 열을 역학적 단위로 측정하면, 방정식 (55a)를 이용,

$$\frac{R}{\mu} = \gamma_p - \gamma_v = \gamma_v(\kappa-1) = \frac{\gamma_p}{\kappa}(\kappa-1)$$

이므로,

$$\Xi = \gamma_v \wp = \frac{1}{\kappa}\gamma_p \wp. \tag{93}$$

마지막 식에서 열의 단위는 임의적이다. 0℃, 대기압의 공기에 있어서

$$\kappa = 1.4, \gamma_p = 0.2376\frac{\text{그램} \cdot \text{칼로리}}{(\text{그램질량})\times(1℃)}$$

을 넣고, κ의 값을 치환하면:

$$\Xi = 0.000032\frac{\text{그램} \cdot \text{칼로리}}{cm/\text{초}\ 1℃}.$$

공기에 대하여 몇 명의 연구자들은 위의 단위를 사용할 때 0.000048과 0.000058 사이의 값을 구하였다.[37] 본 계산이 근사적임을 감안한다면, 이 정도의 일치는 충분히 훌륭하다.

두 기체 간의 확산을 계산하기 위해서는 §11에서 생각한 기체의 원통으로 돌아가보자. 두 가지의 단순한 기체의 혼합물을 생각해보자. 첫 번째 기체의 질량은 m, 지름은 s, 두 번째 기체의 질량은 m_1, 지름은 s_1이라 하자. z 층에는 (단위부피당) z의 함수인 각각 n, n_1개의 첫 번째 기체와 두 번째 기체분자들이 있다. 또한, 속도의 크기가 c와 $c+dc$ 사이인 첫 번째 기체분자의 개수 dn_c도 z의 함수이다. §11에서 논한 방식을 적용하면, 단위시간당

$$d\wp_{c,\theta} = \frac{dn_c}{2} c \sin\theta \cos\theta \, d\theta$$

개의 첫 번째 기체분자들이 c와 $c+dc$ 사이의 속도로, 음의 z-축과 각 θ와 $\theta+d\theta$ 사이의 방향으로 단위면적을 통하여 운동함을 알 수 있다.

θ를 0부터 π까지 적분하면, 각에 상관없이 c와 $c+dc$ 사이의 속도로 단위면적을 통하여 움직이는 첫 번째 기체분자들의 개수는

$$\frac{cdn_c}{4} + \frac{c\lambda_c}{6} \frac{\partial dn_c}{\partial z}$$

의 값을 가진다. 마찬가지로 아래로부터 위쪽으로 통과하는 기체분자들의 개수는:

$$\frac{cdn_c}{4} - \frac{c\lambda_c}{6} \frac{\partial dn_c}{\partial z}$$

37) O. E. Meyer, *Die Kinetitische Theorie der Gase*. p. 194. 쿠타(Kutta)는 개선된 근사법을 사용하여 빙켈만(Winkelmann)의 실험으로부터 0.000058의 값을 얻었다.[Munchn. Dissert.; Ann. Physik [3] **54**, 104 (1895)].

이므로, 실제로 위에서 아래쪽으로 통과한 첫 번째 기체분자들의 개수는

(94) $$d\wp_c = \frac{c\lambda_c}{3}\frac{\partial dn_c}{\partial z}$$

이다. 문제를 간단히 하기 위하여, 분자들의 속도가 모두 같다는 가정을 세우면, $d\Gamma_c$ 대신에 Γ, 즉 단위시간당 단위면적을 위에서 아래로 통과한 개수와 아래에서 위쪽으로 통과한 첫 번째 기체분자들의 개수의 차이로, dn_c 대신에 층 z의 단위부피당 첫 번째 기체분자들의 개수 n으로 바꿀 수 있다. 그러면:

(95) $$\wp = \frac{c\lambda}{3}\frac{\partial n}{\partial z}$$

을 얻는다. 같은 종류의 분자들이 서로 다른 속도를 가지는 경우는 가장 간단한 경우, 즉 두 종류의 기체가 동일한 질량과 지름을 가지는 경우에만 취급한 것이다. 맥스웰이 자기확산이라고 부르는 이 경우에, 확산 시에도 각 층의 각 종류의 기체가 맥스웰 속도분포에 따른다고 가정하여, 방정식 (43)에 의하면,

$$dn_c = 4n\sqrt{\frac{h^3m^3}{\pi}}\,c^2e^{-hmc^2}dc$$

는 n이 z의 함수인 경우를 제외하면 불변하며, 따라서:

$$\frac{\partial dn_c}{\partial z} = \frac{4\partial n}{\partial z}\sqrt{\frac{h^3m^3}{\pi}}\,c^2e^{-hmc^2}dc$$

을 얻는다.

더구나, λ_c는 단위부피당 $n+n_1$개의 분자들이 존재하는 단순기체와 같은 값을 가진다. λ_c는 $\nu_c=0$인 경우의 방정식 (78)로 주어지지만, N_c는 방정식 (71)에 의하여 얻어진다. 마지막 방정식에서 두 기체분자의 지름 s는 같

다. $n+n_1$을 n으로 치환하고, 모든 변수의 값을 방정식 (94)에 넣어 c를 0부터 ∞까지 적분하면, 위에서 아래로 통과한 개수와 아래에서 위쪽으로 통과한 첫 번째 기체분자들의 개수의 차이 값을 얻는다:

$$\wp = \frac{1}{3\pi s^2 \sqrt{hm}\,(n+n_1)} \frac{\partial n}{\partial z} \int_0^\infty \frac{4x^2}{\psi(x)} e^{-x^2} dx \tag{96}$$

이며, 이 식은 방정식 (87)에서 Λ와 G를 Γ와 $n/(n+n_1)$으로 치환하여 직접 얻을 수도 있다. 따라서 분자가 첫 번째 기체에 속한 확률은 §11에서 도입된, 분자에 관련된 양 Q와 똑같은 방식으로 취급될 수 있으며, Γ는 단위시간당 표면을 위에서 아래로 통과한 개수와 아래에서 위쪽으로 통과한 첫 번째 기체분자들의 개수의 차이이다. 이 근사적 수식에 의하면 자기확산은 §12에서 본 전기전도와 같은 방식으로 일어나며, 분자의 전하를 기체의 관련된 성질로 바꾸기만 하면 된다. 두 개의 충돌하는 분자들의 전하가 충돌 시에 동일화된다는 것을 가정하면, 한 가지 차이가 있게 되지만, 우리의 방식은 각 분자에 있어서 충돌 후의 방향이 모두 동일한 확률을 가지는 식으로 형성되어 있으므로, 전기전도는 분자가 상호 간 충돌할 때에는 완벽한 절연체로서, 윗면과 아랫면에 충돌할 때에는 완전한 전도체와 마찬가지의 속도로 일어난다. 그렇다면 전기전도는 확산과 완전히 동일한 방식으로 일어나는 것이다.

방정식 (89)에서 정의된 양 κ를 방정식 (96)에 도입하면:

$$\wp = \kappa\lambda\bar{c}\frac{\partial n}{\partial z} = \frac{\wp}{\rho}\frac{\partial n}{\partial z}.$$

양변에 상수 m을 곱하면,

$$\wp m = \kappa\lambda\bar{c}\frac{\partial (nm)}{\partial z} = \frac{\wp}{\rho}\frac{\partial (nm)}{\partial z}.$$

Γm 은 표면을 위에서 아래로 통과한 첫 번째 기체의 질량이며, nm 은 단위부피당 z층에 존재하는 첫 번째 기체의 질량이므로, $\partial(nm)/\partial z$는 z 방향의 기울기이다. 마지막 방정식에서 이 식에 곱해지는 계수가 이른바 확산계수이다. 위에서 구한 Γ의 값을 사용하면, 15℃, 대기압의 공기에 있어서 확산계수의 값은 0.155 cm^2/초이다; 로슈미트[38]는 공기와 비슷하게 거동하는 몇 가지 기체의 혼합물에 대하여 0.142와 0.180 사이의 값을 얻었다. 온도와 압력에 대한 양 ρ의 의존도를 생각한다면, 확산계수는 절대온도의 3/2제곱에 비례하며, 두 기체의 총압력에는 반비례한다. 동일한 온도, 압력에서 자기확산계수는 열전도도와 마찬가지로 양 $s^2\sqrt{m}$ 에 역비례하며, h와 $(n+n_1)$ 이 상수이므로 이것은 방정식 (96)으로부터도 알 수 있다.

두 기체분자의 질량과 지름이 같은 이 간단한 경우의 확산은 혼합기체는 한 가지의 정상기체와 마찬가지 방식으로 거동한다. $dN_{c,\theta}$, $dn_{c,\theta}$, $dn^1_{c,\theta}$를 각각, 두 기체분자의 총개수, 속도가 c와 $c+dc$ 사이, 음의 z-축과의 각이 θ와 $\theta+d\theta$ 사이인 첫 번째, 두 번째 기체분자들의 개수로 표기하면, 방정식 (38)을 따르면:

$$dN_{c,\theta}=2\sqrt{\frac{h^3m^3}{\pi}}(n+n_1)c^2e^{-hmc^2}dc\sin\theta\, d\theta.$$

그 결과로 최소한 이 간단한 경우에 있어서 본 계산이 정확할 것이라고 생각할 것이라고 생각할 수도 있겠지만, 기체분자가 탄성구일 때에는 빠른 분자들이 느린 분자들에 비하여 더 잘 확산될 것[39]임을 알게 될 것이다. n이

38) Loschmidt, Wien. Ber. **61**, 367(1870); **62**, S. 468(1870).

39) 이것은 g가 $\int_0^\infty gbdb\cos^2\theta$ 에 나타나는 방식으로부터 알 수 있다.(§18, 21 참조)

작으면, 즉 다른 종류의 기체가 확산하는 기체에 비하여 압도적이면, 큰 값의 c에 대해서 $dn_{c,\theta}$는

$$\frac{n}{n+n_1}dN_{c,\theta}$$

보다 클 것이며, 작은 c에 대해서 $dn_{c,\theta}$는 이보다 작을 것이다. 다른 기체에 대해서는 정반대의 상황이 맞게 되는데, 따라서 위에 얻어진 방정식

$$dn_{c,\theta} = \frac{n}{n+n_1}dN_{c,\theta}$$

의 정확성이 문제가 된다. 마찬가지로 z-층에서 충돌하는 분자(클라우시우스에 의하면 z-층으로부터 보내진 분자)들의 모든 방향이 같은 확률을 가질지도 의심해보아야 할 것이다.

§14. 두 가지의 근사: 서로 다른 두 기체의 확산

지금까지 논의된 내용으로 보아, 방정식 (87)과 (88)로부터 유도된 계수 (89)가 엄밀하게 정확하다고 볼 수도 있겠지만, 이것은 잘못된 생각인데, 왜냐하면 이 수식들을 유도할 시에 분자에 관련된 양 Q에 의하여 속도분포가 바뀌지 않을 것이라고 가정했기 때문이다. 많은 경우에 있어서, 예를 들면 점성의 경우, 분자들의 가시적 운동이 평균속도에 비하여 작다면 속도분포는 약간만 바뀔 것이지만, 방정식 (83)의 양 dn_c은 방정식 (84)의 양 dn_c'의 값과는 항상 다를 것이다. 따라서 방정식 (85)에 다음 형식의 항을 추가해야 하는데,

$$\frac{c}{4}G(z)(dn_c - dn_c').$$

이 항의 대략적인 크기는 방정식 (85) 자체와 비슷하다. 또한, 분자의 모든 운동방향의 확률이 동등하다는 가정도 의심해볼 수 있다.

마지막으로 우리는 각 분자가 마지막 충돌층에서 평균적으로 소유하는 $G(z+\lambda\cos'\theta)$의 양 Q를 표면 AB를 통하여 전달한다고 가정할 것인데, 이 가정 또한 임의적이다. 이 Q의 양은 주어진 층을 떠나는 분자의 방향과 속도에 따라서 다를 수 있고, c와 θ의 함수이며, $\partial G/\partial z$는 c와 θ에 대한 다음의 적분 앞으로 나올 수 없다. 분자가 표면 AB를 통하여 전달한 양 Q는 충돌층뿐 아니라 다음의 전전의 충돌지점 및 그 이전의 충돌지점에도 의존할 것이다.

이것은 확산과 전기전도를 비교할 때에 논의된 상황과 관계가 있다. 분자 충돌 시에 각 분자가 충돌 이전에 가지고 있던 양 Q를 유지할 수도 있지만, 상호 간에 Q가 전달되어 평형에 이를 수도 있다. Q가 전기일 경우에, Q가 유지되는 경우는 전기를 통하는 분자가 용기의 윗면과 아랫면에 충돌할 때에는 침투되지만, 분자 간 충돌 시에는 투과되지 않는 절연층으로 덮여 있는 경우에 해당한다; 분자의 표면까지도 전기전도성 물질로 되어 있는 경우에는 충돌에 의하여 Q가 변하는 경우이다.

이 두 경우에 함수 Φ는 서로 다를 수 있으며, 두 경우에 있어서 z층에서의 G의 평균값

$$G_0 + \frac{(G_1 - G_0)(z - z_0)}{z_1 - z_0}$$

이 같더라도 Q의 수송량은 다를 수 있다. 사실, 분자가 충돌 후에 반대방향으로 운동할 확률보다는 거의 같은 방향으로 운동할 확률이 크다. 차후에 유도될 방정식 (201)과 (203)에서 이와 같은 사항을 알 수 있다. 그러므로 분

자들이 충돌하여 운동에 관련된 양들을 서로 나눠 갖는 경우가 그렇지 않은 경우에 비하여 Q의 수송에 있어서 더 큰 방해를 받는다.

이 무시된 항들을 포함하기 위한 많은 연구가 특히 클라우시우스, O. E. 마이어 및 테이트에 의하여 이루어졌다.[40] 완전 탄성구에 대해서는 그러나 점성, 확산 및 열전도에 의한 속도분포의 섭동은 정확하게 계산되지 않았는데, 모든 관계식에서 최종 결과와 크기가 비슷한 항들이 무시되었기 때문에, 어느 하나가 다른 것들보다 낫다고 쉽게 말할 수는 없다.

이러한 항들의 생략은 최종 결과를 수학적으로 부정확하게 만드는데, 이는 그 결과들이 근거한 가정의 논리적 귀결이 아니기 때문이며, 이 가정들은 물리적으로 근사적인 것(예를 들면 충돌시간이 충돌 간 시간간격보다 작다는 것)과는 (§6의 마지막 부분에서 설명된 바처럼) 구별되어야 한다.

두 번째 유형의 가정 때문에 결과는 물리적으로도 부정확할 것이며, 그 타당성은 오직 실험으로만 판단될 수 있다. 그렇지만 물리적인 가정들을 쓰더라도 수학적으로 정확할 수는 있으며, 이는 물리적 가정이 더 잘 실현될수록 정확한 값에 접근할 수 있기 때문이다.

이제 두 기체의 질량과 지름이 다른 경우의 확산을 계산해보자. 여기에서, 첫 번째 기체의 모든 분자들의 속도는 c와 같고, 두 번째 기체의 모든 분자들의 속도는 c_1과 같다고 가정해보자.

방정식 (95)가 첫 번째 기체에 적용되고, 평균자유행로는 방정식 (68)에 의하여 계산될 것이다. 본 계산이 근사적인 것이므로, 분자들의 속도가 다

40) R. Clausius, Ann. Physik [2] **115**, 1(1862); Ann. Physik [3] **10**, 92(1880); *Die Kinetische Theorie der Gase*(Braunschweig: F. Vieweg, 1891), chap. iv. O. E. Meyer, *Die Kinetische Theorie der Gase* (Breslau, 1877). P. G. Tait, Proc. R. S. Edinburgh **33**, 65, 251(1886–1887); Phil. Mag. [5] **25**, 172(1888); Trans. R. S. Edinburgh **35**, 1029(1890); Proc. R. S. Edinburgh 15, 225(1889).

른 경우는 취급하지 않을 것인데, 이는 계산을 간단히 하여 방정식 (76)을 사용할 수 있게 하기 때문이다. 단위시간당 단위면적을 위에서 아래로 통과하는 첫 번째 기체의 분자 개수와 반대방향으로 통과하는 분자 개수의 차이는

$$\wp = D_1 \frac{\partial n}{\partial z}$$

이고,

$$D_1 = \frac{c}{3\pi\left[s^2 n\sqrt{2} + \left(\frac{s+s_1}{2}\right)^2 n_1 \sqrt{\frac{m+m_1}{m}}\right]}$$

이다. 두 번째 기체에 대해서는, 기체 전체로 보면 $(n+n_1)$이 일정하므로,

$$\wp_1 = - D_2 \frac{\partial n_1}{\partial z} = + D_2 \frac{\partial n}{\partial z}$$

이며,

$$D_2 = \frac{c_1}{3\pi\left[s_1^2 n_1\sqrt{2} + \left(\frac{s+s_1}{2}\right)^2 n \sqrt{\frac{m+m_1}{m_1}}\right]}$$

이다.

이 경우에는 두 기체의 확산상수가 다르기 때문에 어려움이 생기는데, 수식에 따르면 하나의 단면을 통하여 한쪽으로 움직이는 분자 개수가 다른 방향으로 운동하는 분자 개수보다 많을 것이다. 이러한 현상은 매우 좁은 통로 또는 다공성 벽을 통과하는 경우의 확산에 실제로 발생한다. 그러나 기체혼합물이 정지되어 있다는 가정하에서 압력은 항상 동일해야 하므로 아보가드로 법칙에 따르면 양 방향으로 동일한 개수의 분자들이 이동해야 한다.

이에 따르면 우리의 수식은 잘못된 결과를 낸다. 열전도성 기체의 가시적 질량운동에 대한 맥스웰의 첫 번째 열전도 공식도 마찬가지이다. 클라우시우스와 O. E. 마이어는 열전도에 대한 다른 공식을 얻었는데, 그러나 기체 내 압력이 위치마다 다른 경우에 대해서였다. 이 경우가 복사계에 대한 계산과 실험에 의하여 밝혀진 바와 같이 매우 묽은 기체에서는 실제로 발생하지만 공식에서 볼 수 있는 큰 압력의 차이는 받아들여질 수 없다.[41] 그러므로 이 계산들이 부정확함이 증명될 수 있는 것이다.

우리가 이제 다룰 확산의 경우, O. E. 마이어[42]는 여기에서 계산된 분자운동—즉, 단위시간당 단위면적을 위에서 아래로 통과하는 첫 번째 기체의 분자 개수와 반대방향으로 통과하는 분자 개수의 차이가 $\Gamma - \Gamma_1$ 인—에 동일하지만 방향이 반대인 기체운동을 중첩함으로써 이러한 모순을 제거하였다. 기체혼합물에는 n개의 첫 번째 기체분자와 n_1개의 두 번째 기체분자, 도합 $(n+n_1)$개의 분자들이 있으므로 기체혼합물의 흐름은, 위에서 아래로 통과하는 첫 번째 기체의 분자 개수와 반대방향으로 통과하는 분자 개수의 차이가 $n(N_1-N)/(n+n_1)$, 두 번째 기체의 개수 차이는 $n_1(N_1-N)/(n+n_1)$개인 것으로 생각할 수 있다. 이 방법에 의하면 위에서 아래로 통과하는 첫 번째 기체의 분자 개수와 반대방향으로 통과하는 분자 개수의 차이 및 두 번째 기체의 개수 차이는 모두

$$\wp + \frac{n(\wp_1 - \wp)}{n+n_1} = \frac{n_1\wp + n\wp_1}{n+n_1} = \frac{nD_1 + n_1D_2}{n+n_1}\frac{\partial n}{\partial z}$$

로 같다. 그러므로 확산계수는

41) Kirchhoff, *Vorles. über die Theorie der Wärme*, ed. by Max Planck(Leibzig: B. G. Teubner, 1894, p. 201).

42) O. E. Meyer, *Die Kinetische Theorie der Gase*.

$$\frac{n_1 D_1 + n D_2}{n + n_1}$$

이며, 여기에서 D_1, D_2는 위에서 구한 값을 가진다. 이 식에 의하면 확산계수는 기체의 혼합비율에 의존하므로, 기체의 다른 층마다 값이 같지 않을 것이어서, 정상상태 n과 n_1은 z의 선형함수가 아니다. 스테판[43]은 다른 원리에 근거한 확산의 근사이론을 세웠는데, 그에 의하면 확산계수는 기체의 혼합비율에 의존하지 않는다. 실험적으로는 이에 대한 의문은 아직도 해결되지 않고 있지만, 위에서 구한 것처럼 확산계수의 변화 범위가 크지는 않을 듯하다.

기체의 점성, 확산, 열전도에 대한 여러 이론들에 의하여 이루어진 수송현상의 복잡한 수정에 대해서, 그리고 여러 종류의 기체에 대한 실험결과와의 비교 및 그로부터 끌어낼 수 있는 여러 기체의 성질에 대한 결론을 여기에서 논의하기는 어렵다. 이에 대해서는 O. E. 마이어의 『기체운동론』이 충분히 다루었다. 나중에 출판된 것 중에서는 테이트[44]의 책을 언급할 만하다.

43) Stefan, Wien. Ber. **65**, 323(1872).

44) P. G. Tait, Trans. R. S. Edinburgh **33**, 65, 251(1887); **36**, 257(1889-1891).

2장
분자는 힘의 중심이다.
외력(外力)과 기체의 가시적 운동을 고려함

§15. f와 F에 대한 편미분방정식

이제 우리는 외부의 힘이 작용하고, 충돌 사이에 임의적인 상호작용이 일어나는 경우로 눈을 돌려보자. 나중에 유도될 방정식들을 일반화할 필요를 회피하기 위하여, 질량이 m, m_1인 두 기체(이를 각각 m-기체, m_1-기체라 부르자)의 혼합물을 생각해보자. 각 분자는 대부분의 시간 동안 다른 분자들의 영향을 거의 받지 않아서, 오직 분자 간의 거리가 매우 가까운 경우에만 분자 속도의 크기와 방향에 큰 변화가 있을 것이다. 세 분자들이 동시에 상호작용하는 경우는 너무나 드물기 때문에 무시할 수 있다. 정확을 기하기 위하여 분자를 질점(material point)으로 생각하자. m-기체와 m_1-기체 사이의 거리 r이 주어진 매우 작은 값 σ보다 클 경우에는 상호작용이 없다. 그러나 r이 σ보다 작으면 두 분자들은 그 세기가 거리의 함수 $\psi(r)$ 인 힘을 작용, 직선 궤도에서 상당히 벗어나게 된다. r이 σ와 같아지는 순간 충돌이 발생한다고 본다. 분자들을 붙게 만드는 힘은, 실제로 분자의 해리를 이해하기 위하여 매우 흥미롭지만, 논의를 간단히 하기 위하여 제외하자;[45] 짧은 시간 후에 r은 다시 σ와 같아지며, 이 순간 충돌은 종식되어 상호작용도 멎는다. m-기체와 m_1-기체 사이의 충돌에 있어서는 σ와 $\psi(r)$을 각각 s와 $\Psi(r)$, s_1과 $\Psi_1(r)$으로 치환한다. 탄성구형분자는 이제 특수한 경우가 되며, r이 함수 $\psi(r), \Psi(r), \Psi_1(r)$이 $\sigma, s,$ 또는 s_1보다 약간 작으면 무한대의 반발력이 작용하는 것으로 가정하는 경우에 해당한다. 그러므로 지금까지 논의된 모든 결과는 여기에서 다룰 방정식들의 특수한 경우이다. 이 분자 간 힘과 아울러, 우리는 외부힘이라 부르는, 외부 요인에 의하여 발생하는 힘을 포함하고자 한다. 기체 내에 임의의 좌표축을 그리면, m-분자에 작용하는 외부힘의 성분들 mX, mY, mZ는 시간과 속도성분에 무관하며, 모든 m-분자에 있어서 좌표 x, y, z의 동일한 함수일 것이다. X, Y, Z는 이른바 가속도이다. 두 번째 기체의 성질에는 아래첨자 1을 붙이자. 외부힘은 기체 내의 위치에 따라 달라질 수 있지만, 좌표가 상호작용의 범위(σ, s, s_1으로 나타나는)를 크게 벗어나지 않는 한에는 크게 변화하지는 않는다. 마지막으로, 기체의 가시적인 운동을 배제하지 않기로 한다. 모든 속도 방향의 확률이 같다든가, 속도분포나 단위부피당 분자수가 기체 내의 모든 위치에서 같다든가, 또는 시간에 무관하다는 가정들을 처음부터 세울 필요는 없다.

좌표가

$$x \text{와 } x+dx,\ y \text{와 } y+dy,\ z \text{와 } z+dz \tag{97}$$

사이에 있는 모든 점들로 구성된 평행육면체에 주의를 기울여보자. $do = dxdydz$로 하고, 이 평행육면체를 do로 부르자.

45) 제2부, chap. vi 참조.

위에서 논의된 원리들을 따라서 이 평행육면체가 무한히 작지만 많은 분자들을 포함할 수 있다고 가정하자. 시간 t에서 이 평행육면체 안에 있는 각 m-분자의 속도는 원점에서 출발하는 선분으로 나타낼 수 있고, 이 선분의 종점 C를 분자의 속도점이라고 부르자. 이 좌표들로 나타낸 직선 좌표는 분자의 속도성분 ξ, η, ζ와 같다.

이제 좌표가

(98) $$\xi\text{와 }\xi+d\xi,\ \eta\text{와 }\eta+d\eta,\ \zeta\text{와 }\zeta+d\zeta$$

사이인 점들로 구성된, 두 번째의 평행육면체를 구성하고, 그 부피를 $d\xi d\eta d\zeta = d\omega$로 하며, 이 평행육면체를 $d\omega$라 한다. 시간 t에서 평행육면체 do 안에 있고, 동시에 그 속도점이 $d\omega$ 안에 있는 m-분자들을 지정된 분자들 또는 "dn 분자"라고 부른다. do에 인접한 모든 부피요소들은 비슷한 조건하에 있게 되며, 부피가 두 배인 평행육면체에는 두 배의 분자들이 존재하게 된다. 그러므로 이 개수는

(99) $$dn = f(x, y, z, \xi, \eta, \zeta, t)\, do\, d\omega.$$

마찬가지로, (97)과 (98)을 만족하는 m_1-분자의 개수는

(100) $$dN = F(x, y, z, \xi, \eta, \zeta, t)\, do\, d\omega = F do\, d\omega.$$

두 함수 f, F는 기체혼합물 내 모든 위치에서의 운동상태, 혼합비율 및 속도분포를 완벽하게 결정한다. 초기 $t=0$에서 모든 변수값에 대하여 f와 F가 주어지고, 외부힘, 분자 간 힘 및 경계조건이 주어진다면 문제는 완벽하게 결정되어 모든 t에 있어서 f와 F의 값이 얻어지면 문제는 완벽하게 풀리는 것이다. 기체가 분자-무질서 상태에 있다고 가정하자. 이제 매우 짧은 시간 동안의 f의 변화에 대한 미분방정식을 찾아야 하겠다.

매우 짧은 시간 dt 사이에 do와 $d\omega$의 크기와 위치가 바뀌지 않는다면, 시간 $t+dt$에서 조건 (97)과 (98)을 만족하는 m-분자들의 개수는 방정식 (99)에 의하여

$$dn' = f(x,y,z,\xi,\eta,\zeta,t+dt)dod\omega$$

이며, 시간 dt 사이에 발생하는 dn의 총변화량은

$$dn' - dn = \frac{\partial f}{\partial t} dod\omega dt. \tag{101}$$

dn의 증가는 다음 네 가지 요인들에 의하여 발생한다.

1. 속도점이 $d\omega$ 내에 있는 모든 m-분자들은 x-방향의 속도가 ξ, y-방향의 속도가 η, z-방향의 속도가 ζ로 움직인다.
   따라서 시간 dt의 초기에 밑면이 $dydz$, 높이가 ξdt인 평행육면체 do의 음의 수평축을 마주보는 왼쪽 면을 통하여 조건 (98)을 만족하는 모든 분자들이 들어올 것이므로, 그 개수는

   $$\xi f(x,y,z,\xi,\eta,\zeta,t)dydzd\omega dt$$

   이다.(28, 90쪽 참고) 평행육면체가 매우 작고 do에 무한히 가까우므로, 개수 χ와 두 평행육면체 내의 $fdod\omega$는 평행육면체들의 부피 $\xi dydzdt$와 do에 비례한다. 마찬가지로, 조건 (98)을 만족하며, 시간 dt 사이에 do의 맞은편을 빠져나가는 m-분자들의 개수는:

   $$\xi f(x+dx,y,z,\xi,\eta,\zeta,t)dxdzd\omega dt$$

   이다.
   나머지 네 개의 면을 통하여, 시간 dt 사이에 (98)을 만족하는 분자들이

빠져나가는 개수에 비하여

$$-\left(\xi\frac{\partial f}{\partial x}+\eta\frac{\partial f}{\partial y}+\zeta\frac{\partial f}{\partial z}\right)do\,d\omega\,dt$$

개만큼 더 많은 분자들이 들어오게 된다. 따라서 이 개수가 바로 시간 dt 동안에 분자들의 운동으로 인하여 발생하는 dn의 증가량 V_1이다.

2. 외부힘의 작용으로 인하여 모든 분자들의 속도성분이 변할 것이며, 이에 따라서 do 내 분자들의 속도점들도 이동할 것이다. 어떤 속도점들은 $d\omega$를 떠날 것이며, 다른 것들은 들어올 것이므로, 우리는 속도점이 $d\omega$ 내에 있는 분자들만 dn에 포함시키므로 dn은 마찬가지로 변할 것이다.

ξ, η, ζ는 속도점의 직교좌표이며, 이것이 상상으로만 존재하는 점이기는 하나 공간 내에서 분자 자체와 마찬가지로 이동한다. X, Y, Z가 가속도의 성분이므로:

$$\frac{\partial\xi}{\partial t}=X,\ \frac{\partial\eta}{\partial y}=Y,\ \frac{\partial\zeta}{\partial z}=Z$$

이다. 그러므로 모든 속도점들은 x-방향의 속도 X, y-방향의 속도 Y, z-방향의 속도 Z로 움직이며, $d\omega$ 내의 속도점들의 운동을 do 내의 분자들 자체의 운동과 마찬가지로 취급할 수 있다. do 내에 존재하는 m-분자들 중에서 yz에 평행한 평행육면체 $d\omega$의 왼쪽 면으로 들어오는 분자들의 개수는

$$X\cdot f(x,y,z,\xi,\eta,\zeta,t)\,dod\eta d\zeta dt$$

이며, 맞은편 면으로 빠져나가는 분자들의 개수는

$$X\cdot f(x,y,z,\xi+d\xi,\eta,\zeta,t)\,dod\eta d\zeta dt$$

이다. $d\omega$의 다른 네 개의 면에 대해서도 비슷한 방법을 사용하면, 들어오는 분자들의 개수가 빠져나가는 분자들의 개수보다

$$V_2 = -\left(X\frac{\partial f}{\partial x} + Y\frac{\partial f}{\partial y} + Z\frac{\partial f}{\partial z}\right) dod\omega dt$$

만큼 크다.

분자가 do 내에 있고, 그 속도점이 $d\omega$ 내에 있는 경우에만 dn에 포함시키므로, dn은 속도점들의 운동으로 인하여 발생하는 dn을 나타낸다. 그러나 여기에서, 시간 dt 사이에 do에 들어오는 동시에 속도점이 $d\omega$에 들어오는 분자들이나, 시간 dt 사이에 do에 들어오지만 $d\omega$를 떠나는 분자들은 논의되지 않는 한편, 시간 dt 사이에 do를 떠나며 그 속도점이 $d\omega$에 들어오거나 떠나는 분자들은 V_1과 V_2에서 실제의 두 배로 포함된다. 그렇지만 모든 분자들의 개수는 $(dt)^2$의 크기 정도로 매우 작기 때문에 이는 오류를 일으키지 않는다.

§16. 계속: 충돌의 효과

3. dn개의 분자들 중에서 시간 dt 사이에 충돌을 일으키는 것들은 충돌 후에는 분명히 그 속도가 달라질 것이다. 그 분자들의 속도점들은 당연히 평행육면체로부터 제거되어, 완전히 다른 평행육면체에 넣어야 할 것이므로, dn은 따라서 감소할 것이다. 한편, 충돌에 의하여 다른 평행육면체에서 빠져나와 $d\omega$로 들어오는 m-분자들의 속도점들은 증가할 것이다. 이제 시간 dt 사이에 m-분자들과 m_1-분자들 사이의 충돌에 의하여 발생하는 dn의 총증가량 V_3를 구해야 하겠다.

이를 위하여 dn개의 분자들이 시간 dt 사이에 m_1-분자들과 일으키는 ν_1 번의 충돌 중에서 일부에 눈을 돌려보자. 좌표가

$$\xi_1 \text{과 } \xi_1 + d\xi_1,\ \eta_1 \text{과 } \eta_1 + d\eta_1,\ \zeta_1 \text{과 } \zeta_1 + d\zeta_1 \tag{102}$$

사이에 있는 모든 점들을 포함하는 세 번째의 평행육면체를 구축하여, 이 평행육면체 $d\omega_1$의 부피를 $d\omega_1 = d\xi_1 d\eta_1 d\zeta_1$으로 하자. 방정식 (100)에서와 비슷하게, 시간 t에서 속도점이 $d\omega_1$ 내에 있는 do 내의 m_1-분자들의 개수는

$$dN_1 = F_1 do d\omega_1 \tag{103}$$

이고, 여기에서 F_1은 $F(x, y, z, \xi_1, \eta_1, \zeta_1)$의 약칭이다.

이제, 시간 dt 사이에 dn개의 m-분자들 중의 하나가, 충돌 전에 속도점 C_1이 $d\omega_1$ 내에 있는 한 개의 m_1-분자와 일으키는 충돌의 횟수 ν_2를 구해보자. 충돌 전 두 분자의 속도점을 각각 C, C_1이라 표기하여, 원점에서 C, C_1까지 이은 선분 OC, OC_1이 충돌 전 두 분자의 속도의 크기 및 방향을 나타내도록 하자. 선분 CC_1은 또한 m_1-분자에 대한 m-분자의 상대속도의 크기 및 방향을 나타낸다; 충돌의 횟수는 확실히 상대운동에만 의존하며, 나아가서 충돌은 m_1-분자와 m-분자가 σ보다 더 작은 거리로 접근하는 즉시 충돌하는 것으로 가정한다. 이렇게 하면 ν_2를 구하는 것은 다음의 순전히 기하학적인 문제로 환원된다. 평행육면체 do에는 $dN_1 = F_1 do d\omega_1$개의 점들이 있는데, 이를 m_1-점이라 부른다. 더구나, $f do d\omega$개의 m_1-점들은 g의 속도로 C_1C의 방향으로 운동하여, 이를 간단히 g 방향이라고 부르자. ν_2는 m-점이 m_1-점에 σ 이내의 거리로 접근하는 횟수에 다름 아니다. 물론 우리는 분자-무질서 상태, 즉 완전히 무작위한 m-점과 m_1-점의 분포를 가정한다. 시간 dt의 처음이나 마지막에서 상호작용하는 분자쌍을 무시하기 위하여

dt가 작기는 하지만 충돌시간보다는 크다고 가정하는데, 이것은 do가 작지만 많은 분자를 포함한다는 가정과 마찬가지이다.

순전히 기하학적인 이 문제를 풀기 위해서는 분자 간 상호작용을 완전히 무시해야 할 것이다. 충돌 전후의 분자운동은 물론 이 상호작용의 법칙에 의존할 것이다. 그러나 충돌횟수는 일단 시간 dt 동안에 한 번 충돌한 분자가 다시 충돌하여 속도가 변할 경우에만 상호작용에 의하여 영향을 받을 것이다; 그렇지만 그러한 효과는 $(dt)^2$의 크기 정도로 매우 작다.

m-점이 m_1-점을 지나는 순간을 우리는 두 점 사이의 거리가 최소가 되는 것으로 정의한다; 따라서 두 분자 사이에 상호작용이 발생하지 않는다면 m-점은 m_1-점을 지나는 평면상에서 m-점이 g에 수직한 방향으로 m_1-점을 지나는 평면을 통과하며, ν_2는 시간 dt 사이에 σ보다 작은 최근 거리로 m 점이 m_1-점을 지나는 횟수인 것이다. ν_2를 구하기 위하여 g에 수직하고, m_1과 함께 움직이는 평면 E와, 이 방향에 평행한 선분 G를 그리자. m-점이 E와 만나는 순간, m-점이 m_1-점을 지나게 된다. 각 m_1-점에 양의 수평축에 평행하게 선분 m_1X를 그리자. m_1X를 포함하고 G를 경계로 하는 반평면은 선분 m_1H로 평면 E를 자르는데, 이것 역시 각 m_1-점을 포함한다. 나아가서, 평면 E 내의 각 m_1-점에서 선분 m_1H와 ϵ의 각을 이루는 길이 b의 선분을 그리자. b와 ϵ가

(104) $$b\text{와 } b+db,\ \epsilon\text{와 } \epsilon+d\epsilon$$

사이의 값을 갖는 평면 E의 모든 점들은 표면적이 $R=bdbd\epsilon$인 직사각형을 이룬다. 이 모든 선분들과 m_1을 중심으로 한 구의 교차점들이 그림 6에 그려져 있다. (타원으로 보이는) 큰 원은 평면 E 내에 있고 원호 GXH는 위에 정의된 반평면 내에 있다. 각 평면 E에는 같은 위치에 있는, 동일한 직사각형

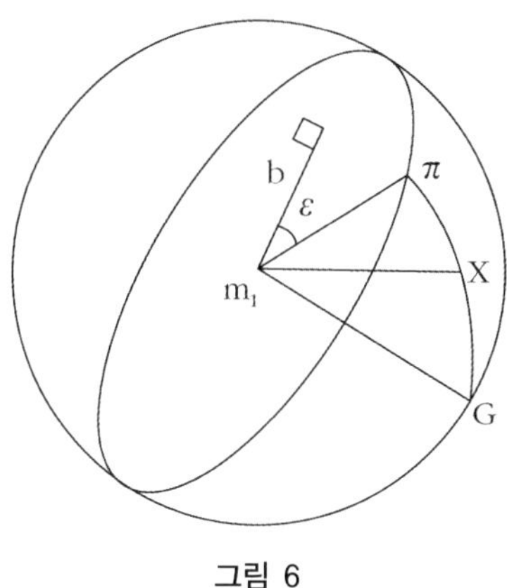

그림 6

이 보일 것이다. 우리는 당분간 m_1-점을 지나는 m-점들 중에서 첫 번째 통과점이 직사각형 R을 침투하는 것만을 생각해보자. m_1에 대한 각 m-점의 상대운동은 시간 dt 동안에 이 모든 직사각형에 수직한 방향으로 $g\,dt$의 거리를 이동하는 것이다.[46] 그러므로 시간 dt의 초기에 밑면이 이 직사각형 중 하나이고 높이가 $g\,dt$인 평행육면체에 존재했던 모든 m-점들은 이 직사각형 중 하나의 표면을 통과할 것이다.(28, 33, 116 쪽 참조; 기체는 분자-무질서 상태여야 한다.) 이 평행육면체의 부피는 따라서

$$\Pi = b\,db\,d\epsilon\,g\,dt$$

이며, m_1-점들의 개수와 평행육면체의 개수는 $F_1 do d\omega_1$이므로, 모든 평행육면체들의 개수는:

46) b는 충돌하는 두 분자들이 상호작용하지 않아서 충돌 전의 속도로 직선운동했을 때의 가장 가까이 접근하는 거리이다. 다시 말하자면 b는 선분 P_1P이며, P, P_1은 상호작용이 없을 시에 m과 m_1 두 분자들이 가장 가까이 접근할 때의 두 점이다. 따라서 ϵ는 상대운동의 방향을 통과하는 두 평면 사이의 각이며, 이 중 하나는 P_1P에 평행하고, 다른 하나는 수평축에 평행하다.

$$\sum \Pi = F_1 do\, d\omega_1\, b\, db\, d\epsilon\, g\, dt.$$

이 부피는 무한소이고 좌표가 (x,y,z)인 점에 무한히 가까우므로, 방정식 (99)와 비슷한 방식으로, 초기에 부피 $\sum \Pi$ 내에 있는 m-점(즉, 속도점이 dw 내에 있는 m-분자)들의 개수는:

$$\nu_3 = f d\omega \sum \Pi = f F_1\, do d\omega\, d\omega_1 b\, db\, d\epsilon\, g\, dt. \quad (105)$$

이것은 동시에 시간 dt 동안에 b와 $b+db$ 사이의 거리, ϵ와 $\epsilon + d\epsilon$ 사이의 각으로 m_1-점들을 지나는 m-점들의 개수이다.

ν_2는 시간 dt 동안 σ보다 작은 거리로 m_1-점들을 지나는 m-점들의 개수이며, ν_3의 미분식을 ϵ에 대하여 0부터 2π까지, b에 대해서는 0부터 σ까지 적분하면 얻을 수 있다. 이 적분은 쉽지만, 굳이 유도하지는 않겠다:

$$\nu_2 = do\, d\omega\, d\omega_1\, dt \int_0^\sigma \int_0^{2\pi} g\, b\, f\, F_1\, db d\epsilon. \quad (106)$$

이미 논의한 바와 같이, ν_2는 또한 dn 분자들이 시간 dt 동안 속도점이 $d\omega_1$ 내에 있는 m_1-분자들과 충돌하는 횟수이다. dn 분자들이 시간 dt 동안 m_1-분자들과 충돌하는 (이전에 ν_1으로 표기했던) 총횟수는, 따라서 변수 ξ_1, η_1, ζ_1의 미분들을 $-\infty$에서 $+\infty$까지 적분하여 얻을 수 있다: 이것을 한 개의 적분으로 표기하면:

$$\nu_1 = do\, d\omega\, dt \int \int_0^\sigma \int_0^{2\pi} f F_1 g\, b\, d\omega_1 db\, d\epsilon. \quad (107)$$

각각의 충돌에서, 그것이 비껴가는 것이 아니라면, m-분자의 속도점은 평행육면체 $d\omega$로부터 빠지게 되어, dn은 1만큼 감소한다.

m_1-분자와 충돌한 후에 몇 개의 m-분자들이 $d\omega$ 내에 속도점을 가지고 있는지 알기 위해서, 우리는 위에서 논의한 방식의 정반대로 몇 번의 충돌이 일어나는지를 물으면 된다.

방정식 (105)로 주어지는 m-분자들과 m_1-분자들 사이의 충돌횟수 ν_3를 다시 생각해보자. 이 충돌들은 단위부피요소 do 내에서 단위시간당 다음의 조건들을 만족시키는 것들이다:

1. m-분자들과 m_1-분자들의 속도성분들은 충돌이 시작되기 전에 각각 방정식 (98)과 (102)의 범위 내에 있다.
2. 두 분자들이 상호작용하지 않고 충돌 전의 속도가 유지되는 경우 분자 간 최근거리를 b로 정의한다. 이 두 분자들이 가장 가까운 거리로 접근했을 때 위치들을 P와 P_1으로 표기한다. 또한 상호작용 전의 상대속도를 g로 표기한다. 그러면 b의 범위와, g를 포함하고 P_1P와 양의 수평축에 각각 평행한 두 평면들 사이의 각도의 범위는 (104)로 주어진다.

이러한 충돌을 간단히 직접충돌이라 하자. 이러한 충돌에서 두 분자들의 속도성분은

$$(108) \qquad \begin{array}{l} \xi' \text{과 } \xi' + d\xi', \eta' \text{과 } \eta' + d\eta', \zeta' \text{과 } \zeta' + d\zeta' \\ \xi_1' \text{과 } \xi_1' + d\xi_1', \eta_1' \text{과 } \eta_1' + d\eta_1', \zeta_1' \text{과 } \zeta_1' + d\zeta_1' \end{array}$$

사이에 있다.

두 분자들이 충돌 후 멀어져 가는 속도와 동일한 속도로 접근할 경우의 최근 거리를 P_1P로, 충돌 후의 상대속도를 g로 표기하자. 그러면 모든 직접

충돌에 있어서 선분 P_1P' 의 범위와, g' 을 포함하고 P_1P' 과 양의 수평축에 각각 평행한 두 평면들 사이의 각도의 범위는

$$(109) \qquad b''\text{과 } b'+db',\ \epsilon''\text{과 } \epsilon'+d\epsilon'$$

이다.

시간 dt 동안 단위부피요소 do 내에서, 충돌 전의 변수값들이 방정식 (108)과 (109) 사이에 있는 모든 충돌들을 역충돌이라고 부르자. 이 경우의 g' 은 원래 충돌의 반대일 것이어서, 직접충돌과는 반대의 경로를 따를 것이며, 충돌 후에는 그 변수값들이 (98), (102), (104)의 범위에 있을 것이다.

충돌 시에 작용하는 힘의 법칙이 주어져 있다고 가정하므로, 충돌 후의 변수값 $\xi', \eta', \zeta', \xi_1', \eta_1', \zeta_1', b', \epsilon'$ 은 충돌 전의 변수값 $\xi, \eta, \zeta, \xi_1, \eta_1, \zeta_1, b, \epsilon$ 로부터 계산될 수 있다. 직접충돌의 횟수를 방정식 (105)로 구한 바와 같이, 역충돌에 대해서도:

$$\iota_3 = do\, d\omega'\, d\omega_1'\, dt\, f'\, F_1'\, g'\, b'\, db'\, d\epsilon'.$$

여기에서 $d\omega'$ 은 $d\xi' d\eta' d\zeta'$ 을, $d\omega_1'$ 은 $d\xi_1' d\eta_1' d\zeta_1'$ 을, f' 과 F_1' 은 각각 $f(x,y,z,\xi',\eta',\zeta,t)$ 와 $F(x,y,z,\xi_1',\eta_1',\zeta_1',t)$ 를 의미한다.

이를 적분하기 위하여, 모든 변수들을 $\xi, \eta, \zeta, \xi_1, \eta_1, \zeta_1, b, \epsilon$ 의 함수로 나타내야 한다.

상호작용 중의 운동을 차후에(§21) 명확히 다루겠지만, 우선 이것을 언급하고 싶다. m_1 에 대한 각 m 의 상대운동(즉, m_1 을 통과하고, 그에 따라서 g, g', $b, b', \epsilon, \epsilon'$ 이 변하는, 고정된 좌표축에 평행한 세 좌표축에 대한 운동)을 상대중심운동이라 부르자. 이것은 바로 m_1 을 고정시키고 m_1 으로부터 b 로 향하는 선위의 상대속도 g 를 m 의 속도로 하는 힘법칙에 의한 중심운동이다. 그 질점

은 실제의 질량과는 다른 질량 $mm_1/(m+m_1)$ 을 가지며, g' 은 상대중심운동의 끝에서의 m 의 속도이다; b' 은 상대중심운동의 끝에서 m 이 m_1 으로부터 멀어질 때 m 이 나타내는 선의 수직 거리이다. 중심운동의 대칭성으로부터 $g'=g, b'=b$ 임을 즉시 알 수 있다.(§21, 그림 7 참조) 우리가 장축선이라고 부를, 중심운동에 있어서의 m 의 경로의 대칭축은 m_1 과, m 이 전체 상대중심운동에서 가장 m_1 과 가까운 지점을 연결하는 선분이다. 이 대칭축은 탄성충돌에 있어서 중심선과 동일한 역할을 한다. 상대중심운동의 평면을 궤도평면이라 부르며, 이것은 네 개의 선 g, g', b, b' 을 포함한다. $d\epsilon$ 대신에 장축선의 회전각 $d\theta$ 를 도입하여, $\xi, \eta, \zeta, \xi_1, \eta_1, \zeta_1$ 이 $\xi', \eta', \zeta', \xi_1', \eta_1', \zeta_1'$ 으로 변환되도록 하고, 다시 $d\epsilon''$ 대신에 장축선의 회전각 $d\theta'$ 을 도입하면, $d\epsilon = d\epsilon'$ 임을 알 수 있다. 그러면 $d\theta$ 와 충돌 전 변수들의 값으로 나타낸 $d\epsilon$ 의 표현은, $d\theta$ 와 충돌 후 변수들의 값으로 나타낸 $d\epsilon'$ 의 표현과 정확히 일치한다.

$d\omega = d\omega'$, $d\omega_1 = d\omega_1'$ 은 이미 탄성구형 분자에 대해서 증명되었다. 그 증명에서 우리는 운동에너지 보존법칙과 질량중심운동의 보존법칙만을 사용했고, 이 정리들이 여기에서도 성립되므로, 여기에서도 비슷한 방식으로 증명될 수 있다; 물론, 여기에서는 중심선 대신에 장축선을 도입해야 한다. 이 모든 방정식들을 사용하면:

$$\iota_3 = f' F_1' do\, d\omega\, d\omega_1\, dtg\, b\, db\, d\epsilon. \tag{110}$$

제2부에서 우리는 일반정리를 증명할 것이지만, 여기에서의 법칙

$$d\omega' d\omega_1' g' b' db' d\epsilon' = d\omega d\omega_1 g\, b\, db\, d\epsilon \tag{110a}$$

은 그 일반정리의 특수한 경우에 불과하다. 이 정리에 대한 증명은 명백하여 차후에 논의할 것이므로, 여기에서는 이 특수한 경우를 쓸데없이 다룰

필요는 없을 듯하다.

각각의 "역"충돌의 결과로, 평행육면체 do 내에서 속도점이 평행육면체 $d\omega$ 내에 있는 m-분자들의 개수는 1만큼 감소한다. m-분자들과 m_1-분자들 간의 충돌로 인한 dn의 총증가량 ι_1은 ϵ에 대하여 0부터 2π까지, b에 대해서는 0부터 σ까지, ξ_1, η_1, ζ_1에 대해서는 $-\infty$부터 $+\infty$까지 적분하면 얻을 수 있다. 적분의 결과는:

$$(111) \qquad \iota_1 = do\, d\omega\, dt \int \int_0^\sigma \int_0^{2\pi} f' F_1' g\, b\, d\omega_1 db\, d\epsilon.$$

물론, f'과 F_1'에 나타난 변수들 $\xi', \eta', \zeta', \xi_1', \eta_1', \zeta_1'$이 $\xi, \eta, \zeta, \xi_1, \eta_1, \zeta_1, b, \epsilon$의 함수여서 힘법칙이 주어지기 전에는 계산될 수 없으므로, b와 ϵ에 대한 적분을 시행할 수는 없다. 차이 $\iota_1 - \nu_1$은 시간 dt 동안 m-분자들과 m_1-분자들 간의 충돌로 인한 dn의 순증가분을 나타내므로, 이것은 충돌로 인하여 발생하는 dn의 총증가량이다;

$$(112) \qquad V_3 = \iota_1 - \nu_1 = do\, d\omega\, dt \int \int_0^\sigma \int_0^{2\pi} (f' F_1' - f F_1) g\, b\, d\omega_1 db\, d\epsilon.$$

비껴가는 충돌의 경우에는 m-분자의 속도점이 충돌 전과 후에 평행육면체 $d\omega$ 내에 있을 수 있다는 점을 지적하고 싶다. 이 비껴가는 충돌에서 m-분자의 속도점은 $d\omega$에서 빠지는 것이 아니라 이 평행육면체 내의 한 위치에서 다른 위치로 이동하는 것이지만, (105)와 ν_1에 포함되어 있지만 V_3에서는 빠진다. 그렇지만 여기에서 오류는 발생하지 않는데, m-분자의 속도점이 충돌 후에 $d\omega$ 내에 있기에 이 충돌들이 (110)과 ι_3 및 ι_1에 포함되어 V_3에 다시 더해지기 때문이다.

이 충돌들은 단순히 m-분자의 속도점이 충돌 초기에 $d\omega$로부터 빠져나가지만, 충돌 후에는 평행육면체 $d\omega$ 내로 되돌아오는 것으로 이해되면 되겠다. 사실, 방정식 (112)에서 적분을 σ 보다 더 큰 값까지 시행할 수 있으며, 실제로 속도의 크기와 방향의 변화가 일어나지 않는 충돌을 ν_1 에는 포함하지만 V_3 에서는 배제할 수 있다. (107)의 ν_1 과 (111)의 ι_1 에 대하여 적분의 상한을 달리 적용할 수가 없음은 명백하다. 한편, $\iota_1 - \nu_1$ 이 한 개의 적분으로 통합된 방정식 (112)에서는 b에 대한 적분 상한을 원하는 만큼 확장할 수 있는데, 이는 b가 σ 보다 커지는 순간 $\xi', \eta', \zeta', \xi_1', \eta_1', \zeta_1'$ 이 $\xi, \eta, \zeta, \xi_1, \eta_1, \zeta_1$ 과 같아지기 때문이다. 따라서 $f' F_1' = fF_1$ 이어서 적분은 0이 된다. 이 부분은 분자 간 상호작용이 거리에 따라 점진적으로 작아져서 상호작용의 경계가 명확하지 않은 모든 경우에서 중요하다. 그런 경우에는 b에 대하여 0부터 ∞까지 적분하는 것이 가능하여, 이 상한은 다른 모든 경우에도 허용될 수 있으므로 차후에도 이것을 유지하고자 한다. 두 분자 간 상호작용이 사라지는 거리가 명확하지 않은 모든 경우에도 우리는 물론 상호작용이 거리에 따라서 너무 빨리 감소하여 둘 이상의 분자 간 상호작용이 무시될 수 있는 경우로 가정한다.

시간 dt 동안에 충돌하지만 충돌을 일으키지 않아도 do를 떠나거나, 속도점이 $d\omega$를 떠나는 분자들의 개수는 물론, $(dt)^2$ 정도의 크기이다.

4. m-분자들 사이의 충돌에 의하여 발생하는 dn의 증가분 V_4는 방정식 (112)로부터 간단한 순열에 의하여 얻어진다. 충돌 전과 후의 m-분자의 속도성분들을 각각 ξ_1, η_1, ζ_1 과 $\xi_1', \eta_1', \zeta_1'$ 으로 하면, f_1과 f_1' 은

$$f(x, y, z, \xi_1, \eta_1, \zeta_1, t)$$

와

$$f(x, y, z, \xi_1', \eta_1', \zeta'_1, t)$$

이다. 그러면:

$$V_4 = do\,d\omega\,dt \int\int_0^{\infty}\int_0^{2\pi}(f'\,f_1' - ff_1)\,g\,b\,d\omega_1 db\,d\epsilon. \tag{113}$$

$V_1 + V_2 + V_3 + V_4$는 시간 dt 동안의 dn의 증가분 $dn' - dn$이고, (101)에 의하면 $(\partial f/\partial t)\,do\,d\omega\,dt$와 같아야 하므로, 모든 변수들의 값을 치환하고 $do\,d\omega\,dt$로 나누면, 함수 f에 대한 편미분방정식을 얻는다:

(114)

$$\begin{cases} \dfrac{\partial f}{\partial t} + \xi\dfrac{\partial f}{\partial x} + \eta\dfrac{\partial f}{\partial y} + \zeta\dfrac{\partial f}{\partial z} + X\dfrac{\partial f}{\partial x} + Y\dfrac{\partial f}{\partial y} + Z\dfrac{\partial f}{\partial z} \\ = \displaystyle\int\int_0^{\infty}\int_0^{2\pi}(f'\,F_1' - fF_1)\,g\,b\,d\omega_1 db\,d\epsilon + \int\int_0^{\infty}\int_0^{2\pi}(f'\,f_1' - ff_1)\,g\,b\,d\omega_1 db\,d\epsilon. \end{cases}$$

마찬가지로, F에 대한 편미분방정식은:

(115)

$$\begin{cases} \dfrac{\partial F_1}{\partial t} + \xi_1\dfrac{\partial F_1}{\partial x} + \eta_1\dfrac{\partial F_1}{\partial y} + \zeta_1\dfrac{\partial F_1}{\partial z} + X_1\dfrac{\partial F_1}{\partial x} + Y_1\dfrac{\partial F_1}{\partial y} + Z_1\dfrac{\partial F_1}{\partial z} \\ = \displaystyle\int\int_0^{\infty}\int_0^{2\pi}(f'\,F_1' - fF_1)\,g\,b\,d\omega db\,d\epsilon + \int\int_0^{\infty}\int_0^{2\pi}(F'\,F_1' - FF_1)\,g\,b\,d\omega_1 db\,d\epsilon. \end{cases}$$

여기에서 F'은 $f(x,y,z,\xi',\eta',\zeta',t)$의 약칭이다.

§17. 영역 내 모든 분자들에 대한 합의 시간에 대한 도함수

더 진행하기 전에, 기체론에서 유용한 일반식을 전개할 것이다. ϕ가 x, y, z의 임의의 함수라 하자. 시간 t에서의 특정한 분자의 좌표와 속도성분을 치환하여 얻어진 값을 그 시간에서의 ϕ 값이라 하자. 시간 t에서 평행육면체 do 내에 존재하고 속도점이 $d\omega$ 내에 있는 m-분자들의 모든 ϕ 값의 합은 이 분자들의 개수 $fdod\omega$에 ϕ를 곱하여 얻는다. 이것을

$$\sum_{d\omega, do} \phi = \phi f do\, d\omega \tag{116}$$

로 나타내자.

마찬가지로, 두 번째 기체에 있어서 $x, y, z, \xi, \eta, \zeta, t$에 대한 임의의 함수 Φ를 선택하면, 평행육면체 do 내에 존재하고 속도점이 $d\omega_1$ 내에 있는 m_1-분자들의 모든 Φ 값의 합은

$$\sum_{d\omega_1, do} \Phi_1 = \Phi_1 F_1 do\, d\omega_1. \tag{117}$$

Φ_1은 $\Phi(x,y,z,\xi_1,\eta_1,\zeta,t)$의 약칭이다.

이 식들에서 do를 일정하게 놓고 모든 가능한 값의 $d\omega$와 $d\omega_1$에 대하여 적분하면:

$$\sum_{d\omega, do} \phi = do \int \phi f\, d\omega, \quad \sum_{d\omega_1, do} \Phi_1 = do \int \Phi_1 F_1\, d\omega_1 \tag{118}$$

을 얻으며, 이는 두 기체의 혼합물의 경우, 속도에 대한 아무런 제한 없이 시간 t에서 평행육면체 do 내에 존재하는 모든 분자들의 ϕ와 Φ 값의 합을 나타낸다.

기체의 모든 부피요소에 대하여 do를 적분하면, 첫 번째 기체와 두 번째 기체의 모든 분자들에 대한 ϕ와 Φ 값의 합으로 각각:

$$(119) \qquad \sum_{\omega,o}\phi = \int\int \phi f\, do\, d\omega, \sum_{\omega_1,o}\Phi_1 = \int\int \Phi_1 F_1\, do\, d\omega_1$$

을 얻는다.

이제 무한소의 두 부피요소 do와 $d\omega$의 크기, 형태 및 위치에 변화가 없는 경우에 $\sum_{d\omega,do}\phi$의 증가분 $\left(\partial \sum_{d\omega,do}\phi / \partial t\right)dt$를 계산하고자 한다. $(\partial/\partial t)$로 표시된, do와 $d\omega$에 대한 이 조건에 따르자면, 시간에 대해서만 미분해야 한다. 시간 dt 동안에 ϕ는 $(\partial\phi/\partial t)dt$만큼, f는 $(\partial f/\partial t)dt$만큼 변할 것이므로, 방정식 (116)으로부터:

$$\frac{\partial}{\partial t}\sum_{d\omega,do}\phi = \left(f\frac{\partial\phi}{\partial t} + \phi\frac{\partial f}{\partial t}\right)do\, d\omega$$

을 얻는다. 방정식 (114)로부터 $\partial f/\partial t$의 값을 취하면, 위의 식은 다섯 항의 합으로 나타나며, 각각은 각자의 물리적 의미를 가지고 있다.

$$(120) \qquad \frac{\partial}{\partial t}\sum_{d\omega,do}\phi = [A_1(\phi) + A_2(\phi) + A_3(\phi) + A_4(\phi) + A_5(\phi)]do\, d\omega$$

이며,

$$(121) \qquad A_1(\phi) = \frac{\partial\phi}{\partial t}f$$

은 t에 대한 ϕ의 의존성의 명확한 효과에 해당한다;

$$(122) \qquad A_2(\phi) = -\phi\left(\xi\frac{\partial f}{\partial x} + \eta\frac{\partial f}{\partial y} + \zeta\frac{\partial f}{\partial z}\right)$$

는 분자운동의 효과이며;

(123) $$A_3(\phi) = -\phi\left(X\frac{\partial f}{\partial \xi} + Y\frac{\partial f}{\partial \eta} + Z\frac{\partial f}{\partial \zeta}\right)$$

는 외부힘의 효과이다;

(124) $$A_4(\phi) = \phi\int\int_0^\infty\int_0^{2\pi}(f'F_1' - fF_1)gb\,d\omega_1\,db\,d\epsilon$$

는 m-분자들과 m_1-분자들 간의 충돌 효과;

(125) $$A_5(\phi) = \phi\int\int_0^\infty\int_0^{2\pi}(f'f_1' - ff_1)gbd\omega_1 db\,d\epsilon$$

는 m-분자들 사이의 충돌 효과이다.

$(\partial/\partial t)\sum_{\omega,do}\phi$ 를 구하기 위해서는 모든 가능한 값의 $d\omega$에 대하여 $(\partial/\partial t)\sum_{d\omega,do}\phi$ 를 적분하면 된다.

(126) $$\frac{\partial}{\partial t}\sum_{\omega,do}\phi = [B_1(\phi) + B_2(\phi) + B_3(\phi) + B_4(\phi) + B_5(\phi)]do.$$

각 B는 A에 $d\omega = d\xi d\eta d\zeta$를 곱하여 모든 변수에 대하여 $-\infty$부터 $+\infty$까지 적분하면 얻을 수 있다. 이를 한 개의 적분으로 표시하면:

(127) $$B_1(\phi) = \int\frac{\partial\phi}{\partial t}f\,d\omega,$$

(128) $$B_2(\phi) = -\int\phi\left(\xi\frac{\partial f}{\partial x} + \eta\frac{\partial f}{\partial y} + \zeta\frac{\partial f}{\partial z}\right)d\omega.$$

세 번째 항 B_3는 외부힘의 효과에 의한 증가분인데, 다른 방법으로도 구할 수 있다. 우리는 곧 모든 요소 $d\omega$를 다루어야 하므로, 속도점이 초기에 $d\omega$

내에 있는 분자들을 최종적으로 속도점이 $d\omega$ 내에 있는 분자들과 비교할 필요는 없으며, 그 대신에 시간 dt 동안의 $fdod\omega$개 분자들의 운동을 추적하면 될 것이다. 이 시간 동안에 각 분자의 속도성분 ξ, η, ζ는 각각 Xdt, Ydt, Zdt만큼 변화할 것이다. 그러므로 외부의 힘에 의하여 각 분자의 ϕ 값은

$$(129) \qquad \left(X\frac{\partial\phi}{\partial\xi}+Y\frac{\partial\phi}{\partial\eta}+Z\frac{\partial\phi}{\partial\zeta}\right)dt$$

만큼 변할 것이다. 외부힘의 효과는 따라서 각 분자가 합 $\sum_{\omega,do}\phi$ 에 이 부분을 제공하는 것에 불과하다. 외부힘의 작용에 의한 이 합의 총증가분 $B_3(\phi)dod\omega$는 방정식 (129)에 $fdod\omega$를 곱하여 모든 $d\omega$에 대하여 적분하여 얻어지며:

$$(130) \qquad B_3(\phi)=\int\left(X\frac{\partial\phi}{\partial\xi}+Y\frac{\partial\phi}{\partial\eta}+Z\frac{\partial\phi}{\partial\zeta}\right)fd\omega.$$

방정식 (127)과 (128)이 유도된 방법을 따르면 —즉, 방정식 (123)에 $d\omega$를 곱하여 모든 값에 대하여 적분하면— $B_3(\phi)$를 구할 수도 있다:

$$(131) \qquad B_3(\phi)=-\int\left(X\frac{\partial f}{\partial\xi}+Y\frac{\partial f}{\partial\eta}+Z\frac{\partial f}{\partial\zeta}\right)\phi d\omega.$$

X, Y, Z는 변수 ξ, η, ζ를 포함하지 않으며, $d\omega$는 $d\xi d\eta d\zeta$의 약자이며, 방정식 (130)과 (131)의 적분은 ξ, η, ζ를 $-\infty$부터 $+\infty$까지 적분하기 때문에, 첫째 항, 둘째 항, 셋째 항을 각각 ξ, η, ζ에 대하여 부분적분하면 (130)과 (131)이 같다는 것을 쉽게 알 수 있다. 무한대의 ξ, η, ζ에 대하여 f는 0이 되며, $\sum_{\omega,do}\phi$ 가 의미를 가지려면 $f\phi$도 0이어야 한다.

우리는 또한 m-분자들과 m_1-분자들 간의 충돌로 인하여 발생하는 $\sum_{\omega,do}\phi$ 의 증가분 $B_4(\phi)do\,dt$를 직접 계산할 것이다.

충돌 전에 변수값들이 (89), (102), (104)의 범위 내에 있는 m-분자들과 m_1-분자들 간의 시간 dt 동안 부피요소 do 내에서 일어나는 모든 충돌을 "직접 충돌"이라고 부르자. 이 모든 충돌들의 총효과로서 m-분자들은 속도성분 ξ, η, ζ를 잃고 새로운 속도성분 ξ', η', ζ'을 얻는다. 그 결과, 충돌 전에는 $\sum_{\omega,do}\phi$에 한 개의 항 ϕ를 제공하지만 충돌 후에는 ϕ'을 기여한다.[ϕ'은 $\phi(x,y,z,\xi',\eta',\zeta',t)$의 약칭이다.]

이 충돌들로 인하여 $\sum_{\omega,do}\phi$는 $\phi'-\phi$만큼 증가하며, 방정식 (105)에 의하면 이 직접충돌의 횟수는 ν_3로 주어지므로, do와 dt를 일정하게 놓고 다른 변수들에 대하여 적분하면 m-분자들과 m_1-분자들 간의 충돌들에 의하여 발생하는 합 $\sum_{\omega,do}\phi$의 총증가분 $B_4(\phi)dodt$를 얻는다.

$$(132) \qquad B_4(\phi) = \iint\int_0^\infty\int_0^{2\pi}(\phi'-\phi)fF_1gb\,d\omega\,d\omega_1\,db\,d\epsilon.$$

또는, 변수들이 (108)과 (109)의 범위 내에 있는 m-분자들과 m_1-분자들 간의 충돌들 ―"역"충돌이라고 부른― 로부터 $B_4(\phi)$를 구할 수도 있다. 이 경우 ϕ'의 값은 충돌 전 m-분자에 해당되며, 충돌 후에는 ϕ 값을 가질 것이다. 따라서 각 충돌에서 $\sum_{\omega,do}\phi$은 $\phi-\phi'$만큼 감소하여 총감소분은 $(\phi-\phi')\iota_3$이며, ι_3는 (110)으로 주어지는 역충돌의 횟수이다.

do와 dt를 제외한 모든 변수들에 대하여 적분하면 다시 $B_4(\phi)\,do\,dt$를 얻는다. 그러나 이 경우에는

$$(133) \qquad B_4(\phi) = \iint\int_0^\infty\int_0^{2\pi}(\phi'-\phi)f'F_1'gb\,d\omega\,d\omega_1\,db\,d\epsilon$$

이다. 얻어진 두 가지의 $B_4(\phi)$의 산술평균을 취하면:

$$(134)\qquad B_4(\phi)=\frac{1}{2}\iint\int_0^\infty\int_0^{2\pi}(\phi-\phi')(f'F_1'-fF_1)gb\,d\omega\,d\omega_1\,db\,d\epsilon.$$

한편, 방정식 (124)를 적분하면:

$$(134a)\qquad B_4(\phi)=\iint\int_0^\infty\int_0^{2\pi}\phi(f'F_1'-fF_1)gbd\omega d\omega_1 dbd\epsilon.$$

$B_4(\phi)$를 나타내는 서로 다른 방식이 가능한 것은 두 방정식

$$\sum\phi'\nu_3=\sum\phi\iota_3,$$

$$\sum\phi'\iota_3=\sum\phi\iota\nu_3$$

에 근거한 것을 쉽게 알 수 있는데, 여기에서 합은 do와 dt를 제외한 ι_3와 ν_3의 모든 변수들에 대하여 적분을 의미한다. 이 두 방정식의 유도는 명백하여, 모든 ι_3와 ν_3에 대한 적분은 모든 충돌들을 포함하며, 첫째 합을 둘째 합으로 교환하면, 혹은 그 반대의 과정으로 하여도 쉽게 얻어진다.

방정식 (132) 또는 (133)에서 두 분자가 동일하다고 가정하면:

$$(135)\qquad B_5(\phi)=\iiint_0^\infty\int_0^{2\pi}(\phi'-\phi)ff_1gb\,d\omega\,d\omega_1\,db\,d\epsilon$$

$$(136)\qquad =\iiint_0^\infty\int_0^{2\pi}(\phi-\phi')f'f_1'gb\,d\omega\,d\omega_1\,db\,d\epsilon.$$

두 분자들이 동일한 역할을 한다고 생각하면, 이 두 수식에서 아래첨자 1로 표기된 문자들과 첨자가 없는 문자들을 상호교환해도 $B_5(\phi)$의 값은 변하지 않을 것이다. 이러한 순열에 의하여 얻어진 $B_5(\phi)$의 값의 산술평균을 취하면, 식 (135)로부터:

$$(137)\qquad B_5(\phi)=\frac{1}{2}\iint\int_0^\infty\int_0^{2\pi}(\phi'+\phi_1'-\phi-\phi_1)ff_1gb\,d\omega\,d\omega_1\,db\,d\epsilon,$$

그리고 식 (136)으로부터:

$$(138)\quad B_5(\phi) = \frac{1}{2}\iint\int_0^\infty\int_0^{2\pi}(\phi' + \phi_1 - \phi - \phi_1{}')f'f_1{}'gb\,d\omega\,d\omega_1\,db\,d\epsilon.$$

이 두 값의 산술평균은:

(139)

$$B_5(\phi) = \frac{1}{4}\iint\int_0^\infty\int_0^{2\pi}(\phi + \phi_1 - \phi' - \phi_1{}')(f'f_1{}' - ff_1)gb\,d\omega\,d\omega_1\,db\,d\epsilon.$$

조건 (98), (102), (104)를 만족하는 각각의 충돌의 결과로 충돌하는 분자들 중 한 개의 ϕ 값은 ϕ로부터 ϕ' 으로 변하며, 다른 분자들의 경우에는 ϕ_1로부터 $\phi_1{}'$ 으로 변하므로, 각각의 충돌로부터 합 $\sum_{\omega,do}\phi$ 가 $\phi' + \phi_1{}' - \phi - \phi_1$ 만큼 증가한다는 사실을 감안해도 동일한 결과를 얻을 수 있다. 여기에서 $\phi_1, \phi_1{}'$ 은 각각 $\phi(x,y,z,\xi_1,\eta_1,\zeta_1,t)$, $\phi(x,y,z,\xi_1{}',\eta_1{}',\zeta_1{}',t)$ 의 약칭이다.

$$ff_1gb\,do\,d\omega\,d\omega_1\,db\,d\epsilon\,dt$$

번의 충돌이 시간 dt 동안에 일어나므로, 그 결과로서 $\sum_{\omega,do}\phi$ 은

$$(\phi' + \phi_1{}' - \phi - \phi_1)ff_1gb\,do\,d\omega\,d\omega_1\,db\,d\epsilon\,dt$$

만큼 감소한다. $d\omega$, $d\omega_1$, db, $d\epsilon$에 대하여 적분하면 m-분자들 간의 충돌에 의하여 발생하는 $\sum_{\omega,do}\phi$ 의 증가분 $B_5(\phi)do\,dt$를 얻는다. 그러나 각각의 충돌을 두 번씩 고려했으므로 2로 나누어주면 방정식 (137)에 이른다. 역충돌만을 생각한 경우에도 마찬가지로 (138)을 얻는다.

ϕ가 시간과 좌표 x, y, z에 무관하다고 가정하는 특수한 경우는 §20에서 취급될 것이다.

이제 $\frac{d}{dt}\sum_{\omega,o}\phi$ 를 다음과 같이 나타내자:

$$\frac{\partial}{\partial t}\sum_{\omega,o}\phi = [C_1(\phi)+C_2(\phi)+C_3(\phi)+C_4(\phi)+C_5(\phi)]. \tag{140}$$

$\frac{d}{dt}\sum_{\omega,o}\phi$ 는 이미 모든 값의 do와 $d\omega$에 대해서 적분했기 때문에, 오직 시간만의 함수이다. 따라서 기호 $\partial/\partial t$를 사용할 필요가 없으니, 미분을 표시하기 위하여 기호 d를 사용하자.

각각의 C는 그에 대응하는 B에 do를 곱하여 모든 부피요소에 대하여 적분하거나, 또는 각각에 대응하는 A에 $do\,d\omega$를 곱하여 모든 do와 $d\omega$에 대하여 적분하여 얻을 수 있다.

분자들의 총개수는 변하지 않으므로 합 $[C_1(\phi)+C_2(\phi)+C_3(\phi)]dt$ —충돌에 의한 것을 제외한 모든 증가분을 포함하는— 는 분자들의 시간 dt 동안의 경로를 추적하여 구할 수 있다. 이 시간 동안 좌표들은 $\xi dt, \eta dt, \zeta dt$만큼, 속도성분들은 Xdt, Ydt, Zdt만큼 증가한다. 각각의 분자는 따라서 시간 t에서 합 $\sum_{\omega,o}\phi$ 에 $\phi(x,y,z,\xi,\eta,\zeta,t)$를 기여하며, 시간 $t+dt$에서는

$$dt\left(\frac{\partial\phi}{\partial t}+\xi\frac{\partial\phi}{\partial x}+\eta\frac{\partial\phi}{\partial y}+\zeta\frac{\partial\phi}{\partial z}+X\frac{\partial\phi}{\partial\xi}+Y\frac{\partial\phi}{\partial\eta}+Z\frac{\partial\phi}{\partial\zeta}\right)$$

만큼을 기여한다. 이 분자들의 개수가 $f do\,d\omega$이므로, 이것을 곱하여 dt를 제외한 모든 변수들에 대하여 적분하면:

$$C_1(\phi)+C_2(\phi)+C_3(\phi)= \tag{141}$$

$$\iint f\,do\,d\omega\left(\frac{\partial\phi}{\partial t}+\xi\frac{\partial\phi}{\partial x}+\eta\frac{\partial\phi}{\partial y}+\zeta\frac{\partial\phi}{\partial z}+X\frac{\partial\phi}{\partial\xi}+Y\frac{\partial\phi}{\partial\eta}+Z\frac{\partial\phi}{\partial\zeta}\right).$$

이것은 위에서 논의한 세 가지의 요인들에 의하여 발생하는 $\sum_{\omega,o}\phi$ (나누

기 dt)의 증가분인데, 용기의 벽이 움직이는 경우에도 적용된다. $C_2(\phi)$ 대신에 $B_2(\phi)do$의 적분을 사용한다면, 모든 부피요소들의 위치를 고정시키는 경우에 해당한다. 따라서 벽이 움직이는 경우에는 시간 dt 동안 기체의 부피 내로 들어오거나 나가는 공간 부분을 다룰 특수한 항들을 추가해야 할 것이다. 이 항들은 방정식 (141)에서 좌표에 대한 부분적분으로 나타나는 표면적분에 해당한다.

두 개의 양 $C_4(\phi)$와 $C_5(\phi)$는 $B_4(\phi)$와 $B_5(\phi)$에 do를 곱하여 기체로 채워진 모든 부피요소들에 대하여 적분하면 얻어진다:

(142)
$$\begin{cases} C_4(\phi) = \dfrac{1}{2}\iiint\int_0^\infty\int_0^{2\pi}(\phi-\phi')(f'F_1'-fF_1)gb\,do\,d\omega\,d\omega_1\,db\,d\epsilon. \\ C_5(\phi) = \dfrac{1}{4}\iiint\int_0^\infty\int_0^{2\pi}(\phi+\phi_1-\phi'-\phi_1')(f'f_1'-ff_1)gb\,do\,d\omega\,d\omega_1\,db\,d\epsilon. \end{cases}$$

기체 부피로 들어오는 부피요소 내에서 충돌하는 분자들은 $(dt)^2$ 정도의 개략적인 크기를 가지는 항을 제공할 것이므로, 여기에서는 움직이는 용기 벽을 생각하지 않을 것이다.

$\sum\limits_{d\omega_1,do}\Phi_1$, $\sum\limits_{\omega_1,do}\Phi_1$ 및 $\sum\limits_{\omega_1,o}\Phi_1$로 표기된 양들의 시간 도함수들은 마찬가지 방법으로 얻어지는데, 자세히 서술하지는 않겠다. 맥스웰은 $\partial/\partial t\sum\limits_{\omega,do}\phi$를, 키르히호프는 $B_5(\phi)$를 얻기 위하여 $D/Dt\sum\limits_{\omega,do}\phi$ 등등을 계산하였다. 모든 미분에서와 마찬가지로, 어떤 첨자 k에 대해서도 두 함수의 합의 A는 각 A의 합과 같다.

$$(143)\qquad \begin{cases} A_k(\phi+\psi) = A_k(\phi) + A_k(\psi), \\ B_k(\phi+\psi) = B_k(\phi) + B_k(\psi), \\ C_k(\phi+\psi) = C_k(\phi) + C_k(\psi). \end{cases}$$

이 방정식들은 적분 A, B, C에서 ϕ가 선형함수로 거동할 때에 적용된다.

§18. 엔트로피 정리의 일반적인 증명. 정상상태에 대응하는 방정식

이제 $\phi = \log f$, $\Phi = \log F$인 특수한 경우를 생각해보자. 그러면

$$\sum_{\omega,o} \phi = \sum_{\omega,o} \log f = \iint f \log f \, do \, d\omega,$$
$$\sum_{\omega_1,o} \Phi_1 = \sum_{\omega_1,o} \log F_1 = \iint F_1 \log F_1 \, do \, d\omega_1$$

이며, H를

$$(144)\quad H = \sum_{\omega,o} \log f + \sum_{\omega,o} \log F_1 = \iint f \log f \, do \, d\omega + \iint F_1 \log F_1 \, do \, d\omega_1$$

로 놓으면, 방정식 (141)에 의하여:

$$(145)\quad C_1(\log f) + C_2(\log f) + C_3(\log f) =$$
$$\iint do \, d\omega \left(\frac{\partial f}{\partial t} + \xi \frac{\partial f}{\partial x} + \eta \frac{\partial f}{\partial y} + \zeta \frac{\partial f}{\partial z} + X \frac{\partial f}{\partial \xi} + Y \frac{\partial f}{\partial \eta} + Z \frac{\partial f}{\partial \zeta} \right).$$

다섯 번째 항을 ξ에 대하여, 여섯 번째 항을 η에 대하여, 그리고 마지막 항을 ζ에 대하여 적분하면, X, Y, Z가 ξ, η, ζ의 함수가 아니고 f가 $(-\infty, +\infty)$의 구간에서 0이므로, 각 적분은 0이 된다. 두 번째, 세 번째, 네 번째 항들을 x, y, z에 대하여 적분하면 기체의 외부표면의 전체에 대한 적분 J를 얻게 된다. dS가 표면요소이고, N이 dS에 수직한 m-분자의 바깥으로 향하는 속도라면, $J = \iint dS \, d\omega \, Nf$이다.

Jdt가 표면 S에 들어오는 분자 개수와 S에서 빠져나가는 분자 개수의 차이 K임을 쉽게 알 수 있다; 방정식 (145)의 우변의 첫 번째 항에 dt를 곱하면, 즉

$$dt \iint \frac{\partial f}{\partial t} do \, d\omega$$

는 시간 dt 동안에 표면 S 내에 존재하는 m-분자들의 개수의 총증가분 L 이다.

부피요소 do를 고정시키지 않고, 분자들과 함께 움직이도록 허용한다는 점을 유의해야 할 것이다. 기체가 진공으로 둘러싸여 있다면 표면 S는 서로 다른 속도를 가진 분자들과 함께 움직일 것이다. 따라서 S에서 빠져나가는 분자 개수와 S로 들어오는 분자 개수는 같으므로 $L = K = 0$이다. 기체가 정지된 벽으로 둘러싸여 있다면 분자들은 그 안에서 탄성구처럼 반사될 것이며,[47] 벽으로 향하는 운동의 결과 벽에 인접한 부피요소 do에 이르는 분자의 위치에 벽에 수직한 정반대의 속도성분을 가지는 다른 분자가 나타날 것이다. 따라서 $L = K = 0$.

벽이 분자들의 운동에너지를 증가시키거나 감소시키지 않는 한에는, 계의 대칭성 때문에, 또한 서로 반대방향의 운동의 확률이 동일하기 때문에 (벽의 작용이 어떤 종류의 것일지라도) 이러한 논리는 옳다.[48] 모든 경우에 있어서 $\partial/\partial t \sum_{\omega,o} \log f$ 는 충돌로 야기되는 항 $C_4(\log f) + C_5(\log f)$ 로 돌아가

47) 이 가정하에서는 완전히 매끄럽고 평평한 벽이 평면에 포함된 방향으로는 어떠한 저항도 느끼지 않을 것임을 알 수 있다.

48) S가 기체를 완전히 둘러싸는 표면이고. 기체가 표면에 무한히 가까우며, do에 대한 적분이 이 표면 내의 모든 부피요소에 대하여 계산되고, dS에 대한 적분이 모든 표면요소에 대하여 계산된다고 하자. 시간 dt 동안에 표면 S를 빠져나가는 분자수와 S로 들어오는 분자수와의 차이를 $K'dt$, S 안의 분자수의 감소분을 $L'dt$로 표기하면, $K' + L' = 0$이다. 그러나 이 K', L'은 본문에 정의된 K, L과는 다른데, 그 이유는 $d/dt \sum_{\omega,o} \log f$를 계산할 때에 시간 dt 동안의 각 분자의 경로를 추적했기 때문이다. 이 합은 따라서 dt의 처음과 마지막에 관계되는 모든 분자들을 포함하였으며, 그 차이를 dt로 나눈 것이다. 우리는 여기에서 부피요소 dS가 분자들과 함께 움직이며, 이 분자들이 항상 dS 내에 있다고 가정한다. dS가 분자들과 함께 움직이지 않는다면 이 가정은 즉시 성립되지 않는다. dt의 처음과 마지막에서 동일한 공간요소에 대하여 합을 수행하여, $d/dt \sum_{\omega,o} \log f$가 식 (120)으로 나타나도록 하며, do와 $d\omega$에 대하여 적분하는데, $\log f$는 물론 ϕ로 치환된다. (121~125)의 값들을 치환하면:

면, 방정식 (140)과 (142)에 의하여:

$$\frac{d}{dt}\sum_{\omega,o}\log f = \frac{1}{4}\iiint\int_0^\infty\int_0^{2\pi}[\log(ff_1)-\log(f'f_1')](f'f_1'-ff_1)gb\,do\,d\omega\,d\omega_1\,db\,d\epsilon$$
$$+\frac{1}{2}\iiint\int_0^\infty\int_0^{2\pi}[\log f-\log f'](f'F_1'-fF_1)gb\,do\,d\omega\,d\omega_1\,db\,d\epsilon$$

(145a)
$$\begin{cases}\frac{d}{dt}\sum_{\omega,o}\log f = \iint do\,d\omega\Big[\frac{\partial f}{\partial t}-\log f\Big(\xi\frac{\partial f}{\partial x}+\eta\frac{\partial f}{\partial y}+\zeta\frac{\partial f}{\partial z}+\\ \qquad +X\frac{\partial f}{\partial \xi}+Y\frac{\partial f}{\partial \eta}+Z\frac{\partial f}{\partial \zeta}\Big)\Big]+C_4(\log f)+C_5(\log f)\end{cases}$$

을 얻는다. $C_4(\log f)+C_5(\log f)$는 이전에 정의된 바와 같다. 이중적분 내의 첫 번째 항은 방정식 (145)와 같고, 따라서 K와 같다. 또한, 마지막 세 항들을 ξ,η,ζ에 대하여 부분적분하면 각각에 대응하는 방정식 (145)의 항들의 형식으로 나타난다. 다섯 번째 항을 ξ에 대하여 직접 적분하고, 여섯 번째 항, 일곱 번째 항을 각각 η,ζ에 대하여 직접 적분하면 모두 0으로 되는데 $f\log f$가 무한대의 ξ,η,ζ에 대하여 0이기 때문이다.($\int_{-\infty}^{+\infty}f\,d\xi$가 유한하므로) 이중적분 내의 두 번째, 세 번째, 네 번째 항은 [$d(f\log f-f)=\log f\,df$이므로] x,y,z에 대하여 적분하면 두 개의 표면적분

$$\iint do\,dS\,fN-\iint do\,dS\,fNf\log f$$

가 얻어지며, 이 두 적분들은(이제 고정된 것으로 취급되는) 표면 dS에 대하여 계산된다. 첫 번째 적분은 이전에 K로, 두 번째 적분을 dt로 곱하면 표면 S로 들어온[식 (144)로 정의된] H와 S를 빠져나간 H의 차이이다. 기체 내부에서는 본문에 제시된 것만큼만 H가 증가한다. 표면 S 내에 존재하는 H의 총량은 밖으로부터 S로 들어온 양 이하만큼 증가한다. 엔트로피에 비례하는 양 $-H$는 가시적 운동이 있을 시에 절대로 변하지 않으며, 충돌에 의하여 분자운동이 발생하지 않는 한에는 그 방향은 외부력에 의하여 변하지 않으며, 다른 변화도 일어나지 않는다. 처음에 한 가지 기체가 용기의 반을, 다른 기체가 용기의 나머지 반을 차지하는 경우에도, 엔트로피는 분자의 병진운동에 의하여 변하지 않는다. 두 기체의 혼합은 물론 더 확률이 큰 상태를 형성하겠지만, 각 기체가 특정한 방향의 평균운동을 보일 것이므로 그 속도분포의 확률은 더 작다. 이 평균운동이 충돌에 의하여 소멸(무질서한 분자운동으로 변환)되는 순간 H는 감소하며 엔트로피는 증가한다.

마찬가지로:

$$\frac{d}{dt}\sum_{\omega_1,o}\log(F_1)=\frac{1}{4}\iiint\int_0^\infty\int_0^{2\pi}[\log(FF_1)-\log(F'F_1')](F'F_1'-FF_1)gb\,do\,d\omega\,d\omega_1\,db\,d\epsilon$$

$$+\frac{1}{2}\iiint\int_0^\infty\int_0^{2\pi}[\log F_1-\log F_1'](f'F_1'-fF_1)gb\,do\,d\omega\,d\omega_1\,db\,d\epsilon.$$

방정식 (144)를 따르면:

$$(146)\quad \frac{dH}{dt}=-\frac{1}{4}\iiint\int_0^\infty\int_0^{2\pi}[\log(ff_1)-\log(f'f_1')](ff_1-f'f_1')gb\,do\,d\omega\,d\omega_1\,db\,d\epsilon$$

$$-\frac{1}{4}\iiint\int_0^\infty\int_0^{2\pi}[\log(FF_1)-\log(F'F_1')](FF_1-F'F_1')gb\,do\,d\omega\,d\omega_1\,db\,d\epsilon$$

$$-\frac{1}{2}\iiint\int_0^\infty\int_0^{2\pi}[\log(fF_1)-\log(f'F_1')](fF_1-f'F_1')gb\,do\,d\omega\,d\omega_1\,db\,d\epsilon.$$

방정식 (33)의 적분과 마찬가지로, 이 적분들은 모두 0 이상이며, 따라서 *H*는 증가할 수 없다. 우리는 외부힘의 작용하에 있는, 초기에 분자-무질서 상태에 있는 어떤 개수의 기체들에 대해서도 동일한 방법으로 증명을 보일 수 있다. 그러므로 §8의 마지막 부분에서는 암시되기만 했던 클라우시우스-깁스의 정리 —에너지가 추가되지 않는다면 일정 부피에서 *H*는 오직 감소하기만 한다— 가 단원자분자 기체에 대하여 증명되었다.

모든 적분에서 적분되는 함수가 0일 경우에만 dH/dt는 0일 수 있다. 벽이 정지해 있는 경우에서 기체의 최종상태가 정상상태라면 *H*는 계속 감소할 수는 없고 일정한 값을 가지게 될 것이다. 따라서 방정식 (146)의 적분함수들은 모든 변수들의 값에 대하여, 즉 세 방정식

$$(147)\qquad ff_1=f'f_1',\ FF_1=F'F_1',\ fF_1=f'F_1'$$

이 성립하는 모든 충돌에 대하여 0일 것이다.

이 함수들은 물론 평형상태에서는 변수 t에 의존할 수 없다; 그러나 이 조건은 나중에 도입할 것이며, 당분간은 시간에 의존하는 방정식 (147)의 해를 구하려 한다.

우선 (147)에서 x, y, z, t가 일정한 경우의 마지막 방정식을 다룰 것인데, 변수 ξ, η, ζ에 대한 함수 f와 F의 의존성을 살펴보고자 한다.

$$\phi = \log f(x,y,z,\xi,\eta,\zeta,t),\ \phi' = \log f(x,y,z,\xi',\eta',\zeta',t)$$

$$\Phi_1 = \log F(x,y,z,\xi_1,\eta_1,\zeta_1,t),\ \Phi_1' = \log F(x,y,z,\xi_1',\eta_1',\zeta_1',t)$$

으로 놓으면 (147)의 마지막 방정식은

$$(\phi + \Phi_1 - \phi' - \Phi_1') = 0 \tag{148}$$

이 된다. 어떠한 경우에도 충돌 시에 운동에너지 보존법칙과 질량중심 보전법칙은 만족되어야 하므로:

(149)

$$\begin{cases} m(\xi^2+\eta^2+\zeta^2) + m_1(\xi_1^2+\eta_1^2+\zeta_1^2) - m(\xi'^2+\eta'^2+\zeta'^2) - m_1(\xi_1'^2+\eta_1'^2+\zeta_1'^2) = 0 \\ m\xi + m_1\xi_1 - m\xi' - m_1\xi_1' = 0 \\ m\eta + m_1\eta_1 - m\eta' - m_1\eta_1' = 0 \\ m\zeta + m_1\zeta_1 - m\zeta' - m_1\zeta_1' = 0. \end{cases}$$

여덟 개의 변수들 $\xi, \eta, \zeta, \xi_1, \eta_1, \zeta_1, b, \epsilon$는 무한히 많은 값을 가질 수 있고 상호 간 독립적이므로, 독립변수라 부른다. 여섯 개의 변수들 $\xi', \eta', \zeta', \xi_1', \eta_1', \zeta_1'$은 여섯 개의 방정식에 의하여 독립변수들의 함수이다.

12개의 변수들

$$(150) \qquad \xi, \eta, \zeta, \xi_1, \eta_1, \zeta_1\ \xi', \eta', \zeta', \xi_1', \eta_1', \zeta_1'$$

을 관련짓는 모든 가능한 방정식들은 b, ϵ를 여섯 개의 방정식으로부터 제거함에 의하여 형성되며, 오직 네 개의 방정식들만이 얻어질 수 있다. 따라서 이 네 개의 방정식들이 12개의 변수들을 연결한다. 이 방정식들은 세 개의 좌표축에 대하여 완전히 대칭적이어서, 각 방정식에서 좌표들을 순열로 교환하여도 무방하다.

이미 잘 알려져 있는, 미정배수법에 의하여 방정식 (149)의 전미분들에 네 개의 인자 A, B, C, D를 곱하여 방정식 (148)의 전미분들에 더하면, 방정식 (150)의 12개 변수들의 미분들이 서로에 의존하도록 만들 수 있다. 이 인자들은 언제든지 전미분들의 계수가 0이 되도록 선택할 수 있다:

$$d\xi\left[\frac{\partial\phi}{\partial\xi}+2mA\xi+mB\right]+d\eta\left[\frac{\partial\phi}{\partial\eta}+2mA\eta+mC\right]+\cdots$$

$$+d\xi_1\left[\frac{\partial\Phi_1}{\partial\xi_1}+2m_1A\xi_1+m_1B\right]\Bigg)+\cdots$$

$$-d\xi'\left[\frac{\partial\phi'}{\partial\xi'}+2mA\xi'+mB\right]+\cdots$$

$$-d\xi_1'\left[\frac{\partial\Phi_1'}{\partial\xi_1'}+2m_1A\xi_1'+m_1B\right]+\cdots=0.$$

네 개의 인자들을 적당히 정하면 12개 전미분들의 계수가 모두 0이 되므로;

$$\frac{1}{m}\frac{d\phi}{d\xi}+2A\xi+B=\frac{1}{m_1}\frac{d\Phi_1}{d\xi_1}+2A\xi_1+B=0$$

또는

$$\frac{1}{m}\frac{\partial\phi}{\partial\xi}-\frac{1}{m_1}\frac{\partial\Phi_1}{\partial\xi_1}=2A(\xi_1-\xi).$$

마찬가지로

$$\frac{1}{m}\frac{\partial \phi}{\partial \eta}-\frac{1}{m_1}\frac{\partial \Phi_1}{\partial \eta_1}=2A(\eta_1-\eta).$$

미정배수로서 어떠한 경우에도 0으로 놓을 수 없는 A를 제거하면:

$$\left(\frac{1}{m}\frac{\partial \phi}{\partial \xi}-\frac{1}{m_1}\frac{\partial \Phi_1}{\partial \xi_1}\right)\left(\eta_1-\eta\right)=\left(\frac{1}{m}\frac{\partial \phi}{\partial \eta}-\frac{1}{m_1}\frac{\partial \Phi_1}{\partial \eta_1}\right)\left(\xi_1-\xi\right). \tag{151}$$

이 방정식은 우리가 일정한 것으로 간주하는 변수들 x, y, z, t 이외에 여섯 개의 완전히 독립적인 변수들 $\xi, \eta, \zeta, \xi_1, \eta_1, \zeta_1$만을 포함한다. ξ에 대한 편도함수를 취하면:

$$\frac{\partial^2 \phi}{\partial \xi \partial \zeta}(\eta_1-\eta)=\frac{\partial^2 \phi}{\partial \eta \partial \zeta}(\xi_1-\xi).$$

η_1에 대한 편도함수를 취하면:

$$\frac{\partial^2 \phi}{\partial \xi \partial \zeta}=0.$$

그러나 ξ_1에 대한 편도함수를 취하면:

$$\frac{\partial^2 \phi}{\partial \eta \partial \zeta}=0$$

이며, 순환순열에 의하여

$$\frac{\partial^2 \phi}{\partial \xi \partial \eta}=0.$$

이 세 개의 방정식들은 ϕ를 세 개의 항의 합으로 나눌 수 있음을 뜻하는데, 첫 번째 항은 ξ에만, 두 번째 항은 η에만, 세 번째 항은 ζ에만 의존한다.

함수 Φ에 대해서도 마찬가지로:

(152) $$\frac{\partial^2 \Phi_1}{\partial \xi_1 \partial \eta_1} = \frac{\partial^2 \Phi_1}{\partial \xi_1 \partial \zeta_1} = \frac{\partial^2 \Phi_1}{\partial \eta_1 \partial \zeta_1} = 0.$$

방정식 (151)을 ξ에 대하여 미분하면

$$\frac{\partial^2 \phi}{\partial \xi \partial \eta} = 0$$

이므로:

(153) $$\frac{1}{m}\frac{\partial^2 \phi}{\partial \xi^2}(\eta_1 - \eta) = -\frac{1}{m}\frac{\partial \phi}{\partial \eta} + \frac{1}{m_1}\frac{\partial \Phi_1}{\partial \eta_1}.$$

방정식 (153)을 η_1에 대하여 미분하면:

$$\frac{1}{m}\frac{\partial^2 \phi}{\partial \xi^2} = \frac{1}{m_1}\frac{\partial^2 \Phi_1}{\partial \eta_1^2}.$$

좌변과 우변이 완전히 서로 다른 변수들을 포함하므로, 모든 변수들에 독립적일 때에만 같을 수 있는데, 즉 $\xi, \eta, \zeta, \xi_1, \eta_1, \zeta_1$에 무관한 양과 같아야 할 것이다.

y, z-축에 대해서도 마찬가지로 풀 수 있으므로,

$$\frac{1}{m}\frac{\partial^2 \phi}{\partial \xi^2} = \frac{1}{m_1}\frac{\partial^2 \Phi_1}{\partial \zeta_1^2}$$

임을 증명할 수 있고, 이것은

$$\frac{1}{m}\frac{\partial^2 \phi}{\partial \eta^2}$$

과도 같다. 그러므로 이 모든 2차도함수들은 $\xi, \eta, \zeta, \xi_1, \eta_1, \zeta_1$에 무관한 양 $-2h$와 같다. 이 모든 방정식들로부터, ϕ가 $-hm(\xi^2 + \eta^2 + \zeta^2)$에 ξ, η, ζ의 일차함수를 더한 것과 같다는 결론을 내릴 수 있다. ξ, η, ζ의 일차함수의 계

수들을

$$\phi = -hm[(\xi-u)^2 + (\eta-v)^2 + (\zeta-w)^2] + \log f_0$$

의 형식(u, v, w는 새로운 상수지만 h와 마찬가지로 x, y, z, t 이외의 함수일 수도 있다.)으로 하여도 보편성을 잃지는 않는데, 따라서:

(154) $$f = f_0 e^{-hm[(\xi-u)^2 + (\eta-v)^2 + (\zeta-w)^2]}$$

이며, 마찬가지로

(155) $$F = F_0 e^{-hm[(\xi-u_1)^2 + (\eta-v_1)^2 + (\zeta-w_1)^2]}.$$

모든 변수들에 대하여 방정식 (147)이 만족될 때에는 함수 f와 F가 이런 형태를 가져야 한다. 역으로, 함수 f와 F가 이런 형태를 가질 때, $u_1 = u, v_1 = v, w_1 = w$인 경우에만 방정식 (147)이 만족된다. 함수 f_0, F_0, u, v, w, h는 x, y, z, t에 대한 임의의 함수이다.

이 방정식들은 두 방정식

(156) $$\frac{\partial f}{\partial t} + \xi\frac{\partial f}{\partial x} + \eta\frac{\partial f}{\partial y} + \zeta\frac{\partial f}{\partial z} + X\frac{\partial f}{\partial \xi} + Y\frac{\partial f}{\partial \eta} + Z\frac{\partial f}{\partial \zeta} = 0$$

과

(157) $$\frac{\partial F}{\partial t} + \xi\frac{\partial F}{\partial x} + \eta\frac{\partial F}{\partial y} + \zeta\frac{\partial F}{\partial z} + X_1\frac{\partial F_1}{\partial \xi} + Y_1\frac{\partial F_1}{\partial \eta} + Z_1\frac{\partial F_1}{\partial \zeta} = 0$$

이 만족되는 방식으로 결정된다. 방정식 (114)와 (115)는 우변들이 0이 되므로, 이 식들로 간단하게 정리된다.

시간 t에서 do 내에 있고 그 속도점들이 $d\omega$에 있는 분자들의 개수는:

$$fdod\omega = f_0 do e^{-hm[(\xi-u)^2 + (\eta-v)^2 + (\zeta-w)^2]} d\xi d\eta d\zeta.$$

(158) $$\xi=\alpha+u, \eta=\beta+v, \zeta=\gamma+w$$

로 놓으면 방정식 (36)을 얻으며, α,β,γ가 ξ,η,ζ를 치환한다는 점만 다르다.

이로부터, 우리는 모든 분자들이 공간상에서 동일한 속도성분 u, v, w의 병진운동을 일으키는 경우를 제외한다면, 방정식 (36)에 관련된 모든 논의가 옳다는 것을 알 수 있다. $u_1=u, v_1=v, w_1=w$일 때에, 이것은 전체 기체가 움직이는 가시적인 속도성분들이다. u, v, w가 각각 u_1, v_1, w_1과 다르다면, 이것은 첫 번째 기체가 do 내에서 두 번째 기체를 통하여 이동하는 속도의 성분들이다.

또한, 이렇게 볼 수도 있다. 시간 t에서 do 내에 있는 분자들의 개수는:

$$dn=do\int fd\omega=dof_0\iint\int_{-\infty}^{+\infty}e^{-hm[(\xi-u)^2+(\eta-v)^2+(\zeta-w)^2]}d\xi d\eta d\zeta.$$

(158)에 이를 치환하면:

(159) $$dn=dof_0\iint\int_{-\infty}^{+\infty}e^{-hm(\alpha^2+\beta^2+\gamma^2)}d\alpha d\beta d\gamma=dof_0\sqrt{\frac{\pi^3}{h^3m^3}}\,.$$

여기에 m을 곱하고 do로 나누면, 첫 번째 기체의 부분밀도를 얻는다:

(160) $$\rho=f_0\sqrt{\frac{\pi^3}{h^3m}}\,.$$

do 내의 모든 m-분자들의 수평축에 대한 속도성분의 평균값은

(161) $$\bar{\xi}=\frac{\int\xi fd\omega}{\int fd\omega}.$$

이것이 do 내 첫 번째 기체의 x-성분임은 자명하다. yz 평면에 평행한 표면요소가 양의 수평축 방향으로 이 속도로 움직인다면, 평균속도의 개념으

로부터 각 종류의 동일한 개수의 분자들이 이 평면을 통해 이동할 것이다. 그러므로 $\bar{\xi}$을 do 내 첫 번째 기체의 양의 수평축 방향의 속도라 할 수 있다.

(158)이 이를 치환하면, 방정식 (161)의 분자는:

$$f_0 \iint \int_{-\infty}^{+\infty} \alpha e^{-hm(\alpha^2+\beta^2+\gamma^2)} d\alpha d\beta d\gamma + f_0 u \iint \int_{-\infty}^{+\infty} e^{-hm(\alpha^2+\beta^2+\gamma^2)} d\alpha d\beta d\gamma.$$

첫 번째 항은 0이 되고, 두 번째 항은 udn으로 간단해진다. 따라서

$$u = \bar{\xi}. \qquad (162)$$

α는 속도 u로 움직이는 표면요소에 대한 기체분자의 상대속도이고, f는 α의 짝함수이므로, x-축에 수직한 표면요소를 통하여 평균적으로 동일한 개수의 첫 번째 기체분자들이 출입한다는 것을 알 수 있다.

§19. 기체 정력학(靜力學). 방정식 (147)을 위반하지 않는 무거운 기체의 엔트로피

(154)의 변수값을 넣으면 방정식 (156)으로부터, 정지된 용기 내에서 지정된 외부력의 작용하에 있는 기체의 상태에 대한 많은 해를 얻을 수 있다. 용기의 벽은 (146)을 유도할 시에 사용된 조건들을 만족한다. 따라서 모든 열전도와 확산 현상이 끝난 후에는 기체를 출입하는 열의 흐름은 존재하지 않는다. 이제 우리는 이 해를 구하고자 한다. 관련된 양들 중에서 어느 것도 시간에 의존하지 않음은 자명하다.

나아가서, 방정식 $u = v = w = u' = v' = w' = 0$이 성립되어야 하므로, 방정식 (154)와 (155)로부터:

(163) $$f = f_0 e^{-hm(\xi^2+\eta^2+\zeta^2)}, F = F_0 e^{-hm_1(\xi^2+\eta^2+\zeta^2)}$$

이며, f_0, F_0, h는 좌표들의 함수일 수 있다. 이것을 방정식 (156)에 치환하면:

$$-m(\xi^2+\eta^2+\zeta^2)\left(\xi\frac{\partial h}{\partial x}+\eta\frac{\partial h}{\partial y}+\zeta\frac{\partial h}{\partial z}\right)+\xi\left(\frac{\partial f_0}{\partial x}-2hmf_0X\right)$$

$$+\eta\left(\frac{\partial f_0}{\partial y}-2hmf_0Y\right)+\zeta\left(\frac{\partial f_0}{\partial z}-2hmf_0Z\right)=0.$$

이 식이 모든 ξ, η, ζ의 값에 대하여 성립되어야 하므로:

$$\frac{\partial h}{\partial x}=\frac{\partial h}{\partial y}=\frac{\partial h}{\partial z}=0.$$

그러므로 h는 공간 내의 어느 위치에서든지 0이다.

또한, ξ, η, ζ의 계수들은 각각 0이어야 하는데, 이는 오직 X, Y, Z가 한 개 함수 $-\chi$의 편미분일 경우에만 성립한다. 이러한 경우에는

(164) $$f_0 = ae^{-2hm\chi}$$

이며, a는 상수이다. 이 조건이 만족되지 않는다면, 기체는 일반적으로 정지해 있을 수 없다. 각 부피요소 do에서 f_0는 일정해야 하므로, 방정식 (163)은 (36)과 동일한 형태를 가져야 한다. 각 부피요소에서의 속도분포는, 그러므로 한 종류의 기체가 존재할 때에, 같은 외부력이 기체의 동일한 부분밀도에 작용하는 경우와 같을 것이다. 즉, 외부력이 작용한다고 해도 분자의 모든 운동방향은 그 확률이 같다는 것이다. §7의 초반에 다룬 문제가 여기에서 논의되는 경우의 특수한 예이므로, §7에서 증명 없이 제시했던 가정, 즉 분자의 모든 운동방향은 그 확률이 같다는 가정이 이제 여기에서 증명된 셈이다. 두 경우의 방정식들이 동일한 형태를 가지므로, §7의 방정식들로부터 얻

은 결론은 그대로 각 부피요소에 적용될 수 있다. 따라서 방정식 (44)에 의하면 m-분자의 평균제곱속도는

$$\overline{c^2} = \frac{3}{2hm}$$

이며, 외부력이 작용하는 경우에도 분자의 모든 평균 운동에너지는 같다; 마찬가지로 두 번째 기체에 대해서도

$$\overline{c_1^2} = \frac{3}{2hm_1}$$

이며, 상수 h는 두 기체에 대하여 동일하다. do에서 첫 번째 기체의 밀도를 ρ, 첫 번째 기체만이 존재할 때 벽이 가하는 압력을 p라 하면; 방정식 (163)과 (36)에 따라서

$$\rho = a\sqrt{\frac{\pi^3}{h^3 m}}\, e^{-2hm\chi}. \tag{165}$$

더구나 이 단위부피 내의 분자 개수이므로, 방정식 (6)에 따르면:

$$p = \frac{m\overline{c^2}}{3}\frac{dn}{do} = \frac{\rho\overline{c^2}}{3} = \frac{\rho}{2hm}. \tag{166}$$

따라서 p/ρ는 기체 내의 모든 위치에서 동일한 값을 갖는다. 이러한 성질은 외부력이 작용하지 않을 경우의 밀도와 에너지에서의 기체의 성질과 동일하므로 $p/\rho = rT$이다. 기체상수의 값은 §7에서 구한 것처럼 $\frac{1}{2}hm\,T$이다. p/ρ가 모든 위치에서 같은 값 rT를 가지므로, 외부력이 작용한다고 해도 온도는 모든 위치에서 동일하다.

두 번째 기체는 첫 번째 기체의 존재에 완전히 무관하며,

$$F_0 = Ae^{-2hm_1\chi_1}$$

이며, 여기에서

$$\chi_1 = -\int (X_1 dx + Y_1 dy + Z_1 dz).$$

두 기체는 서로 영향을 미치지 않으므로, 열평형하에서 정지해 있는 공기에서 각 성분은 다른 성분들이 존재하지 않는 것처럼 위에 기술된 법칙에 따르며, 성분기체들의 h와 온도는 같다. 방정식 (165)에 따르면:

(167) $$\rho = \rho_0 e^{-2hm(\chi - \chi_0)} = \rho_0 e^{(\chi_0 - \chi)/rT}$$

이고, 마찬가지로 방정식 (166)에 따르면:

(168) $$p = p_0 e^{(\chi_0 - \chi)/rT}.$$

여기에서 $p, \rho, \chi, p_0, \rho_0, \chi_0$는 각각 좌표 x, y, z, t 및 x_0, y_0, z_0에서의 값을 나타낸다. 이 식들은 기체 정력학(기압고도측정)에서 잘 알려진 것들이다.

브라이언의 논의를 따라서 이제 자연계에서는 일어나지 않지만 이론적으로 흥미 있는 다음의 경우를 다루어보자. 용기 내에 두 가지 기체가 혼합되어, 임의의 표면 S_1에 의하여 두 부분으로 나뉘어 있다고 하자. 표면의 바로 오른쪽에는 다른 표면 S_2가 있으며, S_1과 S_2 사이의 공간은 τ, S_1의 왼쪽 공간은 T_1, S_2의 오른쪽 공간은 T_2라고 부르자. χ가 T_1에서는 0, S_1과 S_2 사이에서는 양의 값을, S_2에 접근하면 무한대의 값을 갖는다고 하자. 따라서 m-분자가 T_1에서는 아무런 힘을 받지 않지만, τ에서는 힘을 받아 S_2으로부터 S_1으로 이동하며, S_2에 접근하면 무한대의 힘을 받는다. 역으로, m_1-분자가 T_2에서는 아무런 힘을 받지 않지만, τ에서는 힘을 받아 S_1으로부터 S_2 쪽으로 이동하며, S_1에 접근하면 무한대의 힘을 받는다. 따라서 χ_1이 T_2

에서는 0, τ에서는 양의 값을, S_1에 접근하면 무한대의 값을 갖는다.

초기에 T_2에 m-분자가 없었다면, T_1으로 들어오는 m-분자는 없을 것이다. 초기에 T_2에 몇 개의 m-분자가 있었지만, 아무런 힘도 작용하지 않았다면 S_2에 접근하는 각 분자는 T_1으로 튕겨 나오는데, 결코 T_1으로 돌아올 수 없을 것이다. 따라서 우리는 공간 T_2에 m-분자가 없으며, 마찬가지로 T_1에는 m_1-분자가 없다고 가정할 수 있다. 이 논의에 의하면;

$$f = ae^{-hm(c^2+2\chi)},\ F = Ae^{-hm_1(c_1^2+2\chi_1)}.$$

T_1에서 $\chi_1 = \infty$이므로 $F=0$; T_2에서 $\chi = \infty$이므로 $f=0$. 또한, 방정식 (167)에 의하면 χ가 무한대이면 부분밀도의 값은 0이므로, T_1과 T_2에는 순수한 기체만이 존재한다; 오직 χ, χ_1이 유한한 값을 가지는 τ에서만 기체혼합물이 존재하게 된다. 우리의 수식에 의하면 두 기체에 대한 h의 값이 같을 때에만 열평형이 이루어지며, 방정식 (44)에 따르면 이것은 두 기체의 평균 운동에너지가 동일함을 의미한다. 이것은 우리가 두 기체의 혼합물에 대하여 얻은 열평형 조건과 일치한다. 이 역학적 조건은 물론 열을 통하는 단단한 벽으로 분리된 두 기체의 경우와는 다르지만, 여기에서 유사성을 볼 수는 있다. S_2의 바로 오른쪽에 세 번째의 표면 S_3가 있다고 하자. 세 가지 기체의 χ를 적당하게 취하면 첫 번째 기체는 S_2의 왼쪽에, 두 번째 기체는 S_2의 오른쪽에, 그리고 세 번째 기체는 S_1과 S_3 사이에만 존재하도록 할 수 있다. 이 세 번째 기체는 따라서 첫 번째 기체와 두 번째 기체 사이의 열교환을 매개한다. 각 기체의 평균 운동에너지가 동일하다는 것은 열평형의 조건이다. 경험에 의하면 두 물체의 열평형 조건은 열교환을 매개하는 물체의 특성에 무관하므로, §7에서 세운 가정, 즉 열교환이 어떤 다른 방식으로 일어나더라도 평균 운동에너지가 동일해야 열평형이 이루어진다는 가정은 매우 유력

해 보인다.

이 절에서 얻어진 방정식 (156)과 (157)의 해는

$$u = v = w = u_1 = v_1 = w_1 = 0$$

이고, 모든 것이 시간에 독립적일 경우에는 가능한 유일한 것이다. 그러나 이 양들이 0이 아니라면, 각 방정식은 몇 개의 해를 가질 수 있는데, 각각의 해는 H가 감소하지 않고, 따라서 총엔트로피가 증가하지 않는 운동을 나타낸다. 그중에는 예를 들면 공간 내의 어떤 고정된 방향으로 일정 속도로 이동하는 기체혼합물도 있을 수 있고, 또 다른 종류의 해들도 가능하다. 만약 용기 벽이 완전히 매끄러워서 분자들이 탄성구처럼 반사된다면

$$\frac{d}{dt}\sum_{\omega,o}\log f$$

는 $C_4(\log f)$, $C_5(\log f)$ 로 단순화되며, 엔트로피는 기체 내로 들어오지도 않고 기체 밖으로 빠져나가지도 않는다. 정상상태에서 $dH/dt = 0$이므로, 방정식 (147)과 (156), (157)이 성립해야 한다. 하지만 그러한 정상상태는 마치 기체가 강체인 것처럼, 용기의 회전축을 중심으로 하여 전체 기체혼합물이 회전하는 경우에만 해당된다. 이 상태는 명백히 방정식 (154)와 (155)로 나타난다. z-축이 회전축이라면

$$u = u_1 = -by,\ v = v_1 = +bx,\ w = w_1 = 0.$$

이다. 이에 의하여 방정식 (156)과 (157)이 만족될 수 있는데, f_0와 F_0는 $\sqrt{x^2+y^2}$ 의 함수이며, 따라서 구심력에 의하여 형성되는 밀도의 차이를 보일 수 있다. 시간 t가 명확히 나타나는 다른 해도 가능하다.[49] 하나의 기막힌 해로서, 기체가 동일한 확률로 중심으로부터 모든 방향의 바깥으로 퍼져나

가는 경우, 첫째로 점성이 없고, 둘째로 팽창의 결과로 온도는 내려가지만 열전달이 일어나지 않아서 공간 내의 모든 지점에서 온도가 동일한 경우를 예로 들 수 있겠다. 우리는 이 경우를 더 이상 논의하지는 않겠으며, 이 모든 경우에서 H의 값만을 구할 것이다. H에 대하여 첫 번째 기체가 기여하는 부분을 H'으로 표기하면 방정식 (144)에서:

$$H' = \iint do\, d\omega\, f \log f.$$

방정식 (144)가 위배되지 않는 모든 경우에 있어서 f는 (154)로 주어진다. 방정식 (160)을 따라서

$$\rho = f_0 \sqrt{\frac{\pi^3}{h^3 m}}$$

으로 놓으면:

$$f = \sqrt{\frac{h^3 m}{\pi^3}}\, \rho e^{-hm[(\xi-u)^2+(\eta-v)^2+(\zeta-w)^2]}.$$

$d\omega = d\xi d\eta d\zeta$에 대한 적분은 쉽게 얻어진다; $[-\infty, +\infty]$의 모든 ξ, η, ζ의 값에 대하여 적분하면:

$$H' = \int do f_0 \sqrt{\frac{\pi^3}{h^3 m^3}} \left[\log\left(\rho\sqrt{\frac{h^3 m}{\pi^3}}\right) - \frac{3}{2}\right],$$

또는 방정식 (159)를 사용하면

$$H' = \int dn \left[\log\left(\rho\sqrt{\frac{h^3 m}{\pi^3}}\right) - \frac{3}{2}\right]. \tag{169}$$

49) Bryan and Boltzmann, Wien. Ber. **103**, 1125(1894).

$mdn = dm$은 부피요소 내의 첫 번째 기체의 총질량이다. 방정식 (169)에 표준기체(수소)분자의 질량 M과 기체상수 R, 그리고 -1을 곱하고, 표준기체에 대한 주어진 기체의 분자량을 $\mu = m/M$으로 나타내면:

$$-MRH' = -\int \frac{Rdm}{\mu}\left[\log\left(\rho\sqrt{\frac{h^3 m}{\pi^3}}\right) - \frac{3}{2}\right].$$

방정식 (44)와 (51a)에 의하면

$$\overline{c^2} = \frac{3}{2hm} = \frac{3R}{\mu}T$$

이므로:

$$\log\left(\rho\sqrt{\frac{h^3 m}{\pi^3}}\right) = \log\left(\rho T^{-3/2}\right) + \log\sqrt{\frac{m}{8\pi^3 M^3 R^3}}.$$

여기에서 마지막 로그항은 상수이다. 또한,

$$\int \frac{Rdm}{\mu} = \frac{Rm}{\mu}$$

도 상수이므로,

$$-MRH' = \int \frac{Rdm}{\mu}\log\left(\rho^{-1}T^{\frac{3}{2}}\right) + \text{const.} \tag{170}$$

방정식 (58)에 의하면 이것은 모든 부피요소 내 모든 질량의 엔트로피의 합이므로, 첫 번째 기체의 총엔트로피인데, 방정식 (144)로부터 이것이 기체혼합물의 두 부분의 엔트로피의 합임을 알 수 있다. 기체의 병진운동이나 외부력의 작용은 방정식 (147)이 작용하는 한에는 엔트로피에 어떠한 영향도 미칠 수 없고, 따라서 각 부피요소 내의 속도분포는 방정식 (154)와 방정식 (155)로 주어진다. 그러므로 우리는 §8에서 부분적으로만 제시되었던, (모든 기체에 대하여 동일한 인자 $-RM$과, 이에 더하여진 임의의 기타 상수를 제외한다면) H가 엔트로피라는 사실에 대한 증명을 완결하였다.

§20. 유체역학 방정식의 일반적 형태

더 이상의 특수한 경우를 논의하기 전에, 몇 가지 일반식을 다루고자 한다. 첫 번째 기체가 전체적으로 이동하는 속도의 성분이 $u = u_1 = -by$, $v = v_1 = +bx$, $w = w_1 = 0$이므로 시간 dt 동안에 기본 평행육면체 $dxdydz$의 수평축에 수직한 두 개의 면을 통하여 각각 $\rho udydzdt$와

$$-\left[\rho u + \frac{\partial(\rho u)}{\partial x}dx\right]dydzdt$$

양만큼이 통과하는 것을 알 수 있다.

다른 네 개의 면들을 통하여 이동하는 기체의 총량에 이것을 더하면 평행육면체 내의 첫 번째 기체의 증가분

$$\frac{\partial\rho}{\partial t}dxdydzdt$$

를 얻으며, 이로부터 연속방정식:

$$\frac{\partial\rho}{\partial t} + \frac{\partial(\rho u)}{\partial x} + \frac{\partial(\rho v)}{\partial y} + \frac{\partial(\rho w)}{\partial z} = 0 \tag{171}$$

을 유도할 수 있다. 속도성분 u, v, w로 이동하는 동일한 평행육면체 $do\alpha dxdydz$를 생각해본다면, 시간 dt 동안에 평행육면체 내에 존재하는 분

자들의 좌표들은 평균적으로 udt, vdt, wdt 만큼 증가할 것이다. 평균 가속도는 따라서:

$$\frac{\partial u}{\partial t}+u\frac{\partial u}{\partial x}+v\frac{\partial u}{\partial y}+w\frac{\partial u}{\partial z}$$

이다.

$$\sum m = \rho dxdydz$$

가 기체분자들의 총질량이라면, 양의 수평축 방향의 운동량의 증가분은

$$\left(\frac{\partial u}{\partial t}+u\frac{\partial u}{\partial x}+v\frac{\partial u}{\partial y}+w\frac{\partial u}{\partial z}\right)\rho dxdydz. \tag{172}$$

운동량의 증가는 부분적으로는 총기체질량에 작용하는 외부력에 의하여 생성되고, 그 성분들은

$$X\sum m,\ Y\sum m,\ Z\sum m$$

이다.

만약 한 가지 종류의 기체만 존재한다면 충돌 시 질량중심운동 보존법칙에 의하여 총운동량은 변하지 않을 것이다; 그러나 분자들이 do에 출입하는 경우에는 총운동량이 변할 것이다. 어떤 분자의 속도성분을 ξ,η,ζ라 하고, $\xi=u+\alpha, \eta=v+\beta, \zeta=w+\gamma$로 놓으면, α,β,γ는 부피요소 do에 대한 분자운동의 성분들이다. 단위부피 내에 속도점들이 $d\omega$ 내에 있는 분자들의 개수가 $fd\omega$라면, 시간 dt 동안에 평행육면체의 음의 평행축 방향의 좌측면으로 들어오는 분자들의 개수는

$$\alpha f d\omega dtdydz$$

이며, 이에 의하여 평행육면체로 전달된 운동량은

$$m\alpha(u+\alpha)fd\omega dtdydz$$

이다. $\xi=\overline{\xi}+\alpha$ 이므로,

$$\overline{\alpha}=\frac{\int \alpha fd\omega}{\int fd\omega}=0$$

이며, 평행육면체 do의 좌측면을 통하여 전달된 운동량은

$$mdydzdt\int \alpha^2 fd\omega = P$$

이며, 적분은 모든 부피요소 $d\omega$에 대하여 수행된다.

$\int fd\omega$ 는 단위부피 내 분자들의 총개수이므로,

$$m\int fd\omega = \rho$$

는 기체의 밀도이다.

$$\frac{\int \alpha^2 fd\omega}{\int fd\omega}$$

를 모든 α^2에 대한 평균값 $\overline{\alpha^2}$ 이라 부른다. 따라서

$$P=\rho\overline{\alpha^2}dydzdt.$$

반대쪽의 면으로부터는

$$-\left[\rho\overline{\alpha^2}+\frac{\partial(\rho\overline{\alpha^2})}{\partial x}dx\right]dydzdt$$

만큼의 운동량이 전달될 것이다. 마찬가지로 y-축에 수직한 면들을 통해서

는 각각

$$\rho\overline{\alpha\beta}dxdzdt$$

와

$$-\left[\rho\overline{\alpha\beta}+\frac{\partial\rho\overline{\alpha\beta}}{\partial y}dy\right]dxdzdt$$

의 운동량이 수평축 방향으로 전달될 것이다. 마지막 두 면들에 대해서도 비슷한 방법을 적용하고, 수평축 방향으로 전달되는 운동량의 총증가분을 전달된 운동량과 외부력에 의한 증가분의 합으로 놓으면:

(173)
$$\rho\left(\frac{\partial u}{\partial t}+u\frac{\partial u}{\partial x}+v\frac{\partial u}{\partial y}+w\frac{\partial u}{\partial z}\right)=\rho X-\frac{\partial(\rho\overline{\alpha^2})}{\partial x}-\frac{\partial(\rho\overline{\alpha\beta})}{\partial y}-\frac{\partial(\rho\overline{\alpha\gamma})}{\partial z}$$

이며, y-축과 z-축에 대해서도 마찬가지의 방정식이 성립된다. 이 방정식들과 (171)은 일반 방정식 (126)의 특수한 경우이며, 맥스웰과 키르히호프에 의하여 (126)으로부터 유도되었다. 이를 다음의 논의로부터 알 수 있다:

ϕ가 $x, y, z, \xi, \eta, \zeta$에 대한 임의의 함수(이는 위에서 ϕ로 표기된 것과 같을 수도, 다를 수도 있다.)라 하자. 시간 t에서 do 내에 있는 분자의 모든 ψ값에 대한 평균은:

(174)
$$\overline{\psi}=\frac{\int\psi f d\omega}{\int f d\omega}.$$

또한,

$$mdo\int f d\omega=\rho do$$

는 부피요소 $d\omega$ 내의 첫 번째 기체의 총질량이므로:

$$(175) \qquad m\int \psi f d\omega = \rho\overline{\psi}$$

이다. 이러한 기호를 사용하면,

$$(176) \qquad m\sum_{\omega, do}\phi = m do\int \phi f d\omega = \rho\overline{\phi}do.$$

기체의 모든 부피요소 내의 ψ의 평균을 $\hat{\psi}$로 표기하고, 첫 번째 기체의 총 질량을 $\hat{m}$ 으로 표기하면

$$\overline{\overline{\psi}} = \frac{\iint \psi f do d\omega}{\iint f do d\omega}, \quad \hat{m} = m\iint f do d\omega$$

이므로

$$\overline{\overline{\psi}} = \frac{m}{\hat{m}}\iint \psi f do d\omega.$$

그러므로

$$H = \frac{\hat{m}}{m}\overline{\overline{\log f}} + \frac{\hat{m}_1}{m_1}\overline{\overline{\log f}} = B\overline{\overline{\log f}} + B_1\overline{\overline{\log F}}$$

이며, 여기에서 B, B_1 은 각각 첫 번째 기체와 두 번째 기체의 총개수이다.

아래에서 ϕ는 ξ, η, ζ의 함수여서 방정식 (127)에 의하면:

$$B_1(\phi) = 0.$$

나아가서 ϕ는 좌표를 포함하지 않으므로 방정식 (128)과 (175)에 의하면:

$$mB_2(\phi) = -m\left[\frac{\partial}{\partial x}\int \xi\phi f d\omega + \frac{\partial}{\partial y}\int \eta\phi f d\omega + \frac{\partial}{\partial z}\int \zeta\phi f d\omega\right]$$

$$= -\frac{\partial(\rho\overline{\xi\phi})}{\partial x} - \frac{\partial(\rho\overline{\eta\phi})}{\partial y} - \frac{\partial(\rho\overline{\zeta\phi})}{\partial z}.$$

X, Y, Z는 ξ, η, ζ의 함수가 아니므로, 방정식 (130)으로부터:

$$mB_3(\phi) = \rho\left[X\overline{\frac{\partial\phi}{\partial\xi}} + Y\overline{\frac{\partial\phi}{\partial\eta}} + Z\overline{\frac{\partial\phi}{\partial\zeta}}\right].$$

이 항들을 모으면 방정식 (130)은 이 특수한 경우로 환원되어:

$$(177)\quad \frac{\partial(\rho\overline{\phi})}{\partial t} + \frac{\partial(\rho\overline{\xi\phi})}{\partial x} + \frac{\partial(\rho\overline{\eta\phi})}{\partial y} + \frac{\partial(\rho\overline{\zeta\phi})}{\partial z} - \rho\left[X\overline{\frac{\partial\phi}{\partial\xi}} + Y\overline{\frac{\partial\phi}{\partial\eta}} + Z\overline{\frac{\partial\phi}{\partial\zeta}}\right]$$
$$= m[B_4(\phi) + B_5(\phi)].$$

이 방정식으로부터 맥스웰은 점성, 확산, 열전달을 계산했는데, 키르히호프[50]는 이를 기본방정식이라고 불렀다. $\phi = 1$로 놓으면, 방정식 (134)와 (137)에서 $B_4(1) = B_5(1) = 0$이므로, 연속방정식 (171)을 얻는다. 연속방정식에 $\overline{\phi}$를 곱하여 (177)으로부터 이를 빼면[(158)의 치환을 이용하면]:

50) 키르히호프의 15번째 강의(*Volesungen über Wärmetheorie*)의 §3을 더 잘 이해하기 위하여 다음을 언급한다:
ϕ가 ξ, η, ζ만의 함수이므로, ϕ는 (158)의 치환을 $\alpha + u, \beta + v, \gamma + w$의 함수에 치환하여 변환되며, 따라서

$$\frac{\partial\phi}{\partial\xi} = \frac{\partial\phi}{\partial u} = \frac{\partial\phi}{\partial\alpha}$$

이며, 마지막 두 도함수에서 ϕ는 $\alpha + u, \beta + v, \gamma + w$의 함수로 취급된다. 따라서:

$$\overline{\frac{\partial\phi}{\partial\xi}} = \overline{\frac{\partial\phi}{\partial u}} = \overline{\frac{\partial\phi}{\partial\alpha}}.$$

키르히호프는 u, v, w를 $\phi(u+\alpha, v+\beta, w+\gamma)$에 명시적으로 놓아두고, α, β, γ를 가지는 계수들의 평균값을 일정하게 두고 u에 대하여 미분함으로써 얻어지는 도함수를 $\overline{\partial\phi}/\partial u$로 표기하였다; 이 계수들과 좌표에 대한 그 도함수들은 u, v, w의 함수로 취급될 필요가 없다. 또한, u, v, w도 x, y, z의 함수로 취급되지 않는다. 그러면 $\overline{\partial\phi}/\partial u = \partial\overline{\phi}/\partial u$이므로 또한 $\overline{\partial\phi}/\partial\xi = \partial\overline{\phi}/\partial u$이다. 다른 두 좌표에도 물론 마찬가지의 관계가 성립한다.

$$(178) \quad \begin{cases} \rho\frac{\partial\overline{\phi}}{\partial t}+\rho u\frac{\partial\overline{\phi}}{\partial x}+\rho v\frac{\partial\overline{\phi}}{\partial y}+\rho w\frac{\partial\overline{\phi}}{\partial z}+\frac{\partial\rho\overline{\alpha\phi}}{\partial x}+\frac{\partial(\rho\overline{\beta\phi})}{\partial y}+\frac{\partial\rho\overline{\gamma\phi}}{\partial z} \\ -\rho\left[X\overline{\frac{\partial\phi}{\partial\xi}}+Y\overline{\frac{\partial\phi}{\partial\eta}}+Z\overline{\frac{\partial\phi}{\partial\zeta}}\right]=m[B_4(\phi)+B_5(\phi)]. \end{cases}$$

한 종류의 기체만 있을 경우에는 $B_4(\phi)=0$이다. 위의 방정식들에

$$\phi=\xi=u+\alpha$$

를 치환하면 운동량 보존법칙에 의하여

$$\phi+\phi_1=\phi'+\phi_1'$$

을 얻으며, 언제나 $B_5(\phi)=0$이다. 또한,

$$\overline{\alpha}=\overline{\beta}=\overline{\gamma}=0,\ \frac{\partial\phi}{\partial\xi}=1,\ \frac{\partial\phi}{\partial\eta}=\frac{\partial\phi}{\partial\zeta}=0$$

이어서 방정식 (173)을 얻게 된다. 여섯 개의 양

$$\rho\overline{\alpha^2},\ \rho\overline{\beta^2},\ \rho\overline{\gamma^2},\ \rho\overline{\alpha\beta},\ \rho\overline{\alpha\gamma},\ \rho\overline{\beta\gamma}$$

을 각각

$$X_x,\ Y_y,\ Z_z,\ Y_z=Z_y,\ Z_x=X_z,\ X_y=Y_x$$

로 표기하면, 방정식 (173)은

$$(180) \quad \rho\left(\frac{\partial u}{\partial t}+u\frac{\partial u}{\partial x}+v\frac{\partial u}{\partial y}+w\frac{\partial u}{\partial z}\right)+\frac{\partial X_x}{\partial x}+\frac{\partial X_y}{\partial y}+\frac{\partial X_z}{\partial z}=\rho X$$

으로 변환되며, 다른 두 개의 좌표들에 대해서도 마찬가지의 방정식들이 성립한다.

위에서 다룬 역학적 조건과는 전혀 다른 경우에도 똑같은 방정식들을 얻게 된다. 각 부피요소 내의 분자들이 속도성분을 가진 공통의 운동 이외의 다른 운동을 갖지 않지만, 탄성고체 내부에서처럼 기체에 수평축에 수직한 표면 dS를 생각해보면, dS의 바로 왼쪽(음의 수평축 방향)에 위치한 분자들은 dS의 바로 오른쪽에 있는 분자들에 성분 $X_x dS, X_y dS, X_z dS$의 힘을 작용한다. 다른 좌표에 수직한 표면에도 마찬가지 관계가 성립할 것이다.

분자 간 힘을 고려하여도 방정식 (180)에 해당하는 관계 및 x-, y-축에 대한 관계를 얻을 것이다. 기체 내의 각 부피요소는 마치 이 힘이 표면요소의 좌측의 분자들과 우측의 분자들 간에 작용하는 경우와 동일한 성질을 가질 것이다. 분자운동이 이러한 힘을 나타나게 하는데, 어떠한 힘도 동력학적으로, 즉 기체 내 분자들의 운동으로 설명될 수 있다. 예를 들면, dS 좌측의 분자들이 우측의 분자들보다 더 큰 속도를 가진다면, 느린 분자들은 좌측으로, 빠른 분자들은 우측으로 확산할 것이다; dS 우측 부피요소 내 분자들의 평균속도는 증가하며, 좌측 부피요소 내 분자들의 평균속도는 감소할 것이다. 따라서 이 효과의 결과로서, 좌측 분자들이 우측의 분자들에 양의 방향으로 힘을 가하는 것처럼 보일 것이다.

그러므로 분자운동은 힘이 작용하는 것처럼 보이게 하며, 동요된 기체 내의 압력은 모든 방향으로 동일하지 않으며, 또한 표면에 수직하지도 않다.

이제 기체가 분자에 의하여 침투되지 않는 표면으로 둘러싸여 있다고 상상하여, 표면에는 어떤 힘이 작용할지를 물어보자.

dS가 부피요소이고, 그 평면이 x-축에 수직한다고 하자. 기체가 주어진 위치에서 속도성분 u, v, w로 이동한다. 기체운동이 돌변하지 않고, α가 +라면, 시간 dt 동안에 속도점이 $d\omega$ 내에 있는 $\alpha f d\omega dt$개의 분자들이 표면과 충돌할 것이고, α가 −라면, 그만큼의 분자들이 표면으로부터 튀어나올 것이다.

표면으로부터 튀어나온 분자들에 의하여 양의 수평축 방향으로 전달된 운동량은, 따라서 $m\,dSdt\int\alpha^2 fd\omega = \rho\overline{\alpha^2}\,dt\,dS$이며, 다른 방향으로 전달된 운동량은 $\rho\alpha\beta\,dt\,dS$, $\rho\alpha\gamma\,dt\,dS$이다. X_x, Y_x, Z_x는 단위면적에 대하여 dS가 기체에 가하는 힘의 성분들이며, 또한 표면에서의 운동의 불연속이 없다면 역으로 기체가 dS에 가하는 힘의 성분들이다. 마찬가지 방식으로, 임의의 방향의 벽의 표면요소에 작용하는 힘의 기체운동론 방정식을 얻을 수 있다.

특히, 기체가 정지해 있는 용기 내에 정지해 있을 경우에 압력 법칙은 중력 중심운동 보존법칙으로부터 직접 유도될 수 있다. 이 법칙을 그 축이 수평축에 평행한 원통형 용기 내의 기체에 적용하면, 측면에 작용하는 압력의 수평성분은 0임을 보일 수 있다. 또한, 끝 표면과 단면 사이의 기체에 이 법칙을 적용하면, 끝 표면에 작용하는 압력은 수직방향이며, 같은 방향으로 단위단면을 통하여 전달된 운동량[$\overline{\xi^2}=\overline{\eta^2}=\overline{\zeta^2}$ 이므로, $\rho\overline{\xi^2}=\frac{1}{3}\rho(\overline{\xi^2}+\overline{\eta^2}+\overline{\zeta^2})$] 임을 보일 수 있다.

방정식 (147)이 모든 변수에 대하여 만족되는 경우에는, 기체의 총체적 운동에 대한 속도성분들이 α와 $\alpha + d\alpha$, β와 $\beta + d\beta$, γ와 $\gamma + d\gamma$ 사이이고, 부피요소 do 내에 있는 분자들의 개수는

$$do f_0 e^{-hm[\alpha^2+\beta^2+\gamma^2]}d\alpha d\beta d\gamma$$

이며, 여기에서 f_0는 오직 x, y, z의 함수이다. 따라서 이 상대운동의 확률은 정상기체의 절대속도에 적용되는 것과 같은 관계식으로 주어지는데, 유일한 차이는 u, v, w의 성분을 가지는 가시적 운동이 포함된다는 것이다. 기체 전체의 병진운동은 내부상태에는 영향을 미치지 않으므로, 정상기체의 온도와 압력이 ξ, η, ζ로 표현되는 방식과 마찬가지로 α, β, γ의 함수로 나타나는 기체의 온도와 압력에 영향을 주지 않는다. 따라서 위에 논의된 결과를 따르면

(181) $$p = \overline{\rho\alpha^2} = \overline{\rho\beta^2} = \overline{\rho\gamma^2},\ \overline{\alpha\beta} = \overline{\beta\gamma} = \overline{\alpha\gamma} = 0.$$

나중에 논의하겠지만, 외부힘이 존재하지 않을 때에는

(182) $$\overline{\alpha^2} - \overline{\beta^2},\ \overline{\alpha^2} - \overline{\gamma^2},\ \overline{\beta^2} - \overline{\gamma^2},\ \overline{\alpha\beta},\ \overline{\beta\gamma},\ \overline{\alpha\gamma}$$

의 양들은 충돌의 결과로 신속하게 0으로 접근한다. 외부힘이 이 과정을 방해할 경우에는 외부의 영향이 대단히 빠르고 격렬하지 않다면 0으로부터 크게 벗어나지는 않는다. 우리는 당분간, 경험으로부터 얻은 사실 ―기체에서 수직 압력은 언제나 모든 방향에 있어서 거의 동일하며, 접선 방향의 타성 힘은 매우 작으므로, 방정식 (181)이 근사적으로 옳다― 을 가정한다. 이 방정식으로부터 얻은 값을 (173)에 치환하면:

(183) $$\rho\left(\frac{\partial u}{\partial t} + u\frac{\partial u}{\partial x} + v\frac{\partial u}{\partial y} + w\frac{\partial u}{\partial z}\right) + \frac{\partial p}{\partial x} - \rho X = 0$$

을 얻으며, y-, z-축에 대해서도 마찬가지의 관계식을 얻는다. 이것은 점성 및 열전달이 없는 경우의 잘 알려진 유체역학 방정식이며, 일차적인 근사로 생각될 수 있다.

이제 x, y, z, t에 대한 임의의 함수를 Φ로 표기해보자. $\partial\Phi/\partial t$는 시간 t, 공간에 고정된 점 A에서의 이 함수값의 증가분이다. 점 A가 부피요소 do 내 첫 번째 기체의 총속도와 동일한 성분 (u, v, w)으로 움직이도록 하자. 시간 dt 동안에 A는 A' 으로 된다. 시간 $t+dt$, A에서의 Φ 값에, 시간 t, 점 A에서의 값을 치환하고 그 차이를 경과된 시간으로 나누어주면,

$$\frac{\partial\Phi}{\partial t} + u\frac{\partial\Phi}{\partial x} + v\frac{\partial\Phi}{\partial y} + w\frac{\partial\Phi}{\partial z}$$

를 얻는데, 이를 $d\Phi/dt$로 간단히 표기하면, 연속방정식과 첫 번째 유체역학

방정식을 다음과 같이 얻는다:

$$\frac{d\rho}{dt}+\rho\left(\frac{\partial u}{\partial x}+\frac{\partial v}{\partial y}+\frac{\partial w}{\partial z}\right)=0, \tag{184}$$

$$\rho\frac{du}{dt}+\frac{\partial(\rho\overline{\alpha^2})}{\partial x}+\frac{\partial(\rho\overline{\alpha\beta})}{\partial y}+\frac{\partial(\rho\overline{\beta\gamma})}{\partial z}-\rho X=0. \tag{185}$$

두 번째 방정식은 근사적으로:

$$\rho\frac{du}{dt}+\frac{\partial p}{\partial x}-\rho X=0 \tag{186}$$

이다. 그러나 완전히 정확한 방정식 (178)은:[51)]

$$\begin{cases}\rho\dfrac{d\bar{\phi}}{dt}+\dfrac{\partial(\rho\overline{\alpha\phi})}{\partial x}+\dfrac{\partial(\rho\overline{\beta\phi})}{\partial y}+\dfrac{\partial(\rho\overline{\gamma\phi})}{\partial z}\\ -\rho\left(X\dfrac{\partial\bar{\phi}}{\partial\xi}+Y\dfrac{\partial\bar{\phi}}{\partial\eta}+Z\dfrac{\partial\bar{\phi}}{\partial\zeta}\right)=m\,[B_4(\phi)+B_5(\phi)]\end{cases} \tag{187}$$

이다. 한 가지 기체만이 존재한다고 하면

$$B_4(\phi)=0. \tag{187a}$$

ϕ가 ξ, η, ζ의 완전한 함수라 하면

$$\phi(\xi,\eta,\zeta)=\theta=u\frac{\partial\theta}{\partial\alpha}+v\frac{\partial\theta}{\partial\beta}+w\frac{\partial\theta}{\partial\gamma}+Q_2 \tag{187b}$$

51) 푸앵카레[C. R. Paris, **116**, 1017(1893)]가 지적했듯이, 이 방정식에 나타나는 ϕ의 도함수들은 u, v, w 또는 $u+\alpha, v+\beta, w+\gamma$만의 함수이며, $u, v, w, \alpha, \beta, \gamma$의 임의의 함수가 될 수 없다. 하지만 다음 방정식에서 θ는 α, β, γ의 함수이며, (137)에 ϕ, ϕ', $\theta=\phi(\alpha,\beta,\gamma)$ 대신에 ϕ_1, ${\phi'}_1$, $\theta_1=\phi(\alpha_1,\beta_1,\gamma_1)$을 치환하면 $B_5(\theta)$를 얻는다. $\alpha', \beta', \gamma', \alpha_1', \beta_1', \gamma_1'$은 $\alpha, \beta, \gamma, \alpha_1, \beta_1, \gamma_1, b, \epsilon$의 주어진 함수이므로, 이 8개의 변수들에 대하여 적분한다.

이며, θ는 $\phi(\alpha, \beta, \gamma)$의 약칭, 그리고 Q_n은 u, v, w의 함수이고, u, v, w에 대하여 n 이하의 차수항을 포함하지 않는다. Q_2의 계수들은 α, β, γ의 함수이다. 방정식 (143)에 의하면,

$$B_5(\phi) = B_5(\theta) + uB_5\left(\frac{\partial\theta}{\partial\alpha}\right) + \cdots \tag{187c}$$

이며, 또한

$$\frac{\partial\phi}{\partial\xi} = \frac{\partial\phi}{\partial u} = \frac{\partial\theta}{\partial\alpha} + \frac{\partial Q_2}{\partial u}$$

이므로

$$\frac{\partial\bar{\phi}}{\partial\xi} = \frac{\partial\bar{\phi}}{\partial\alpha} + Q_1 \text{ 등등.} \tag{187d}$$

Q_1의 계수들은 α, β, γ의 함수들의 평균값이다. $\overline{\partial\phi/\partial\eta}$, $\overline{\partial\phi/\partial\zeta}$에 대해서도 마찬가지의 방정식이 성립한다. (187a~d)에서 구한 ϕ, $\overline{\partial\phi/\partial\xi}$, $\overline{\partial\phi/\partial\eta}$, $\overline{\partial\phi/\partial\zeta}$, $B_4(\phi)$, $B_5(\phi)$의 값들을 (187)에 치환하면:

$$\begin{aligned}
&\rho\frac{\partial\bar{\theta}}{\partial t} + \frac{\partial(\rho\overline{\alpha\theta})}{\partial x} + \frac{\partial(\rho\overline{\beta\theta})}{\partial y} + \frac{\partial(\rho\overline{\gamma\theta})}{\partial z} - mB_5(\theta) \\
&\quad + \frac{\partial\bar{\theta}}{\partial\alpha}\rho\left(\frac{du}{dt} - X\right) + \rho\left(\frac{\partial u}{\partial x}\overline{\alpha\frac{\partial\theta}{\partial\alpha}} + \frac{\partial u}{\partial y}\overline{\beta\frac{\partial\theta}{\partial\alpha}} + \frac{\partial u}{\partial z}\overline{\gamma\frac{\partial\theta}{\partial\alpha}}\right) \\
&\quad + \frac{\partial\bar{\theta}}{\partial\beta}\rho\left(\frac{dv}{dt} - Y\right) + \rho\left(\frac{\partial v}{\partial x}\overline{\alpha\frac{\partial\theta}{\partial\beta}} + \frac{\partial v}{\partial y}\overline{\beta\frac{\partial\theta}{\partial\beta}} + \frac{\partial v}{\partial z}\overline{\gamma\frac{\partial\theta}{\partial\beta}}\right) \\
&\quad + \frac{\partial\bar{\theta}}{\partial\gamma}\rho\left(\frac{dw}{dt} - Z\right) + \rho\left(\frac{\partial w}{\partial x}\overline{\alpha\frac{\partial\theta}{\partial\gamma}} + \frac{\partial w}{\partial y}\overline{\beta\frac{\partial\theta}{\partial\gamma}} + \frac{\partial w}{\partial z}\overline{\gamma\frac{\partial\theta}{\partial\gamma}}\right) = 0
\end{aligned}$$

u, v, w의 1차 및 그 이상의 차수를 가진 항들도 있는데, 기체가 전체적으로 일정 속도로 이동할 때에 내부상태는 변하지 않으므로 이 항들은 0이다. $u = v = w = 0$이 되도록 이 속도를 정할 수 있으므로, 방정식 (185)에 의하여:

$$(188) \qquad mB_5(\theta) = \rho\frac{\partial\bar{\theta}}{\partial t} + \frac{\partial(\rho\overline{\alpha\theta})}{\partial x} + \frac{\partial(\rho\overline{\beta\theta})}{\partial y} + \frac{\partial(\rho\overline{\gamma\theta})}{\partial z}$$

$$+\rho\left(\frac{\partial u}{\partial x}\overline{\alpha\frac{\partial\theta}{\partial\alpha}} + \frac{\partial u}{\partial y}\overline{\beta\frac{\partial\theta}{\partial\alpha}} + \frac{\partial u}{\partial z}\overline{\gamma\frac{\partial\theta}{\partial\alpha}}\right)$$

$$-\frac{\partial\bar{\theta}}{\partial\alpha}\left(\frac{\partial(\rho\overline{\alpha^2})}{\partial x} + \frac{\partial(\rho\overline{\alpha\beta})}{\partial y} + \frac{\partial(\rho\overline{\alpha\gamma})}{\partial z}\right)$$

$$+\rho\left(\frac{\partial v}{\partial x}\overline{\alpha\frac{\partial\theta}{\partial\beta}} + \frac{\partial v}{\partial y}\overline{\beta\frac{\partial\theta}{\partial\beta}} + \frac{\partial v}{\partial z}\overline{\gamma\frac{\partial\theta}{\partial\beta}}\right)$$

$$-\frac{\partial\bar{\theta}}{\partial\beta}\left(\frac{\partial(\rho\overline{\alpha\beta})}{\partial x} + \frac{\partial(\rho\overline{\beta^2})}{\partial y} + \frac{\partial(\rho\overline{\beta\gamma})}{\partial z}\right)$$

$$+\rho\left(\frac{\partial w}{\partial x}\overline{\alpha\frac{\partial\theta}{\partial\gamma}} + \frac{\partial w}{\partial y}\overline{\beta\frac{\partial\theta}{\partial\gamma}} + \frac{\partial w}{\partial z}\overline{\gamma\frac{\partial\theta}{\partial\gamma}}\right)$$

$$-\frac{\partial\bar{\theta}}{\partial\gamma}\left(\frac{\partial(\rho\overline{\alpha\gamma})}{\partial x} + \frac{\partial(\rho\overline{\beta\gamma})}{\partial y} + \frac{\partial(\rho\overline{\gamma^2})}{\partial z}\right).$$

$$\frac{\partial^2\phi}{\partial\xi\partial\eta} = 0$$

이므로:

$\theta = \alpha^2$ 으로 놓으면, $\bar{\alpha} = 0$이므로

$$(189) \qquad \begin{cases} mB_5(\alpha^2) = \dfrac{\rho d(\overline{\alpha^2})}{dt} + \dfrac{\partial(\rho\overline{\alpha^3})}{\partial x} + \dfrac{\partial(\rho\overline{\alpha^2\beta})}{\partial y} + \dfrac{\partial(\rho\overline{\alpha^2\gamma})}{\partial z} \\ +2\rho\left(\overline{\alpha^2}\dfrac{\partial u}{\partial x} + \overline{\alpha\beta}\dfrac{\partial u}{\partial y} + \overline{\alpha\gamma}\dfrac{\partial u}{\partial z}\right). \end{cases}$$

$\theta = \alpha\beta$ 으로 놓으면, 엄밀한 식

$$(190) \qquad \begin{cases} mB_5(\alpha\beta) = \dfrac{\rho d(\overline{\alpha\beta})}{dt} + \dfrac{\partial(\rho\overline{\alpha^2\beta})}{\partial x} + \dfrac{\partial(\rho\overline{\alpha\beta^2})}{\partial y} + \dfrac{\partial(\rho\overline{\alpha\beta\gamma})}{\partial z} \\ +\rho\left(\overline{\alpha\beta}\dfrac{\partial u}{\partial x} + \overline{\beta^2}\dfrac{\partial u}{\partial y} + \overline{\beta\gamma}\dfrac{\partial u}{\partial z} + \overline{\alpha^2}\dfrac{\partial v}{\partial x} + \overline{\alpha\beta}\dfrac{\partial v}{\partial y} + \overline{\alpha\gamma}\dfrac{\partial v}{\partial z}\right). \end{cases}$$

을 얻는다.

기체의 상태분포가 근사적으로 맥스웰 법칙을 따른다면, 방정식 (181)은 근사적으로 옳다. 또한, 충돌의 결과로서 상태분포는 신속히 맥스웰 법칙에 접근하므로, $\overline{\alpha^3} = \overline{\alpha^2\beta} = \overline{\alpha^2\gamma} = \cdots = 0$ 이다. 따라서 맥스웰 분포에서 0이 되는 어떠한 평균값도 매우 작을 것인데, 이는 다음 절에서 충돌의 효과를 명확히 다룰 때에 알 수 있을 것이다. 이 근사하에서 방정식 (189)는 [방정식 (186)을 고려하면]

$$mB_5(\alpha^2) = \rho\frac{d\left(\frac{p}{\rho}\right)}{dt} + 2p\frac{\partial u}{\partial x} \tag{191}$$

으로 변환된다.

이제 y, z축에 대한 마찬가지의 방정식들을 구축하고 세 방정식들을 합하면, 충돌에 의하여 두 분자들의 운동에너지가 변하지 않으므로

$$B_5(\alpha^2) + B_5(\beta^2) + B_5(\gamma^2) = B_5(\alpha^2 + \beta^2 + \gamma^2) = 0$$

임을 이용하면:

$$3\rho\frac{d\left(\frac{p}{\rho}\right)}{dt} + 2p\left(\frac{\partial u}{\partial x} + \frac{\partial v}{\partial y} + \frac{\partial w}{\partial z}\right) = 0,$$

또는 연속방정식 (184)를 이용하면,

$$3\rho\frac{d\left(\frac{p}{\rho}\right)}{dt} - \frac{2p}{\rho}\frac{d\rho}{dt} = 3\frac{dp}{dt} - \frac{5p}{\rho}\frac{d\rho}{dt} = 0$$

을 얻는다.

부피요소 내의 기체질량의 궤적을 추적하여 이를 적분하면 압력과 밀도

사이의 잘 알려진 푸아송 관계[52]($p\rho^{-5/3}$ = 일정)를 얻는다. 열전도는 여기에서는 무시된다. 일반적으로 열복사에 대하여 우리는 알지 못한다. 비열의 비율은 이 경우 5/3이다. 기체의 내부상태는 열평형의 경우와 거의 같고, 속도성분 u, v, w로 이동하므로, 보일-샤를 법칙이 적용된다. 따라서 $p = r\rho T$이므로, $T\rho^{-5/3}$=일정하다. 기체를 압축하는 모든 경우에는 단열압축에 의한 온도 상승이, 팽창 시에는 온도 하강이 일어난다.

52) S. D. Poisson, Ann. chem. phys. **23**, 337(1823).

3장
분자들은 거리의 5제곱에 반비례하는 힘으로 반발한다

§21. 충돌로부터 발생하는 항의 적분

방정식 (147)이 만족되지 않는 경우를 살펴보자; 충돌 후 변수들 ξ', η', ζ'의 값을 충돌 전 값의 함수로서 계산하기 위하여, 이제 충돌과정을 좀 더 세부적으로 알아보자.

질량이 m인 분자(m-분자)가 질량이 m_1인 다른 분자(m_1-분자)와 충돌, 즉 상호작용한다고 하자. 시간 t에서 m-분자와 m_1-분자의 좌표들을 각각 x, y, z와 x_1, y_1, z_1이라 하자. 두 분자들이 서로에게 작용하는 힘은 질량중심선의 방향이고, 그 세기 $\psi(r)$이 r의 함수인 반발력일 것이다. 운동방정식은:

$$m_1 \frac{d^2x_1}{dt^2} = \psi(r)\frac{x_1 - x}{r}, m\frac{d^2x}{dt^2} = \psi(r)\frac{x - x_1}{r} \tag{191a}$$

및 x-, -z축에 대한 네 개의 비슷한 방정식들이다.

두 분자들의 상대운동을 구하기 위하여 두 가지의 좌표계를 설정한다. 첫째는 그 축들이 고정된 좌표축에 평행하지만 항상 두 번째 좌표계의 원점이 되는 m_1을 통과하여, 두 번째 좌표계의 원점이 된다. 이 두 번째 좌표계에 대한 m-분자의 좌표는, 따라서 m_1-분자를 기준으로 한 좌표가 될 것이다:

$$a = x - x_1, b = y - y_1, c = z - z_1$$

이다. $\mu = \frac{mm_1}{m + m_1}$, 따라서 $\frac{1}{\mu} = \frac{1}{m} + \frac{1}{m_1}$ 이라 하면, 방정식 (191a)로부터

$$\mu \frac{d^2 a}{dt^2} = \psi(r) \frac{a}{r}$$

와 두 개의 다른 좌표축들에 대해서도 마찬가지 관계가 성립함을 쉽게 알 수 있다. $r^2 = a^2 + b^2 + c^2$이므로, 이 방정식들은 그 질량이 m-분자가 마치 그 질량이 μ인 것처럼, 고정된 m_1-분자로부터 힘 $\psi(r)$에 의하여 반발되는 중심운동을 나타낸다. 그러므로 우리는 상대중심운동, 또는 중심운동 Z라 부를 이 중심운동만을 논의하면 될 것이다. 이 운동은 항상 m_1과 m의 초기속도를 포함하는 평면(§16에서 이미 궤도평면이라고 불렀던) 상에서 일어날 것이다. m의 초기속도는 충돌 전에 m_1으로부터 멀리 떨어져 있었을 때의 속도이며, 이것 역시 §16에서 g로 표기되었다. 그림 7에서 고정된 m_1-분자로부터 그려진 선 g는 그 방향과 크기를 나타내는 것이다. 그 반대방향의 연장선은 $m\Theta$로 표기한다. 시간 t에서의 m의 위치를 m_1으로부터의 거리 r과, r이 $m\Theta$와 이루는 각 β로 나타내자. 힘 $\psi(r)$에 의하여 충돌 시로부터 시간 t까지 행해진 일은:

$$\int_{\infty}^{r} \psi(r) dr = -R.$$

힘이 작용하는 범위보다 큰 거리에서 $\psi(r) = 0$이므로 적분을 $r = \infty$로부터 시작할 수 있다. m_1에 대한 m의 실제 운동이 질량 μ를 중심으로 한 중심

운동 Z와 같으므로, 우리는 이 운동만을 논의하면 될 것이다. 이 중심운동 Z에서, 충돌 전 운동에너지는 $\mu g^2/2$이지만, 시간 t에서는:

$$\frac{\mu}{2}\left[\left(\frac{dr}{dt}\right)^2+r^2\left(\frac{d\beta}{dt}\right)^2\right]$$

이다. 중심운동 Z에 대한 에너지 보존법칙 방정식은 그러므로:

$$\frac{\mu}{2}\left[\left(\frac{dr}{dt}\right)^2+r^2\left(\frac{d\beta}{dt}\right)^2\right]-\frac{\mu g^2}{2}=-R. \tag{192}$$

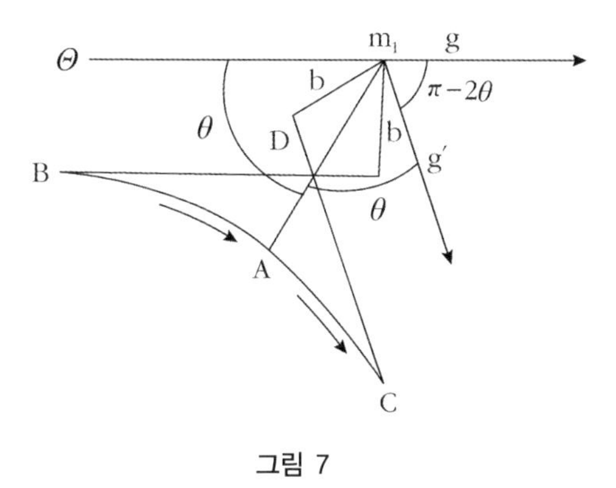

그림 7

§16에서처럼 상호작용이 없을 시, 즉 m-분자와 m_1-분자가 충돌 전과 동일한 방향으로 직선운동할 때에 m-분자가 m_1-분자에 접근하는 가장 가까운 거리를 b로 표기하자. 중심운동 Z에서 m-분자가 그리는 궤적은 그림 7에 나타난 곡선의 형태를 가질 것이어서, 이는 양쪽으로 무한대까지 뻗을 것이다; m_1-분자로부터의 두 점근선들의 거리는 b로 동일하다. 충돌 전 m_1-분자에 대한 m-분자의 상대속도는 g이며, 단위시간당 반지름 벡터 r이 나타내는 면적의 2배는 bg이다; 그러나 시간 t에서 이는 $r^2d\beta/dt$이다. 따라서

면적에 대한 법칙을 따르면

$$r^2\frac{d\beta}{dt}=bg. \tag{193}$$

이 방정식과 (192)로부터:

$$d\beta=\frac{d\rho}{\sqrt{1-\rho^2-\dfrac{2R}{\mu g^2}}}$$

임을 알 수 있다. 여기에서 $\rho=b/r$이다. 초기에 β와 ρ는 증가하므로, 제곱근이 0이 될 때까지 부호를 +로 해야 할 것이다. 적분을 행하기 위하여 ψ의 특수한 형태

$$\psi(r)=\frac{K}{r^{n+1}} \tag{194}$$

을 선택하자:

이것은 거리 r에서의 m-분자와 m_1-분자 사이에 작용하는 반발력이다. 이 거리에서 두 m-분자들 사이에 작용하는 반발력은 K_1/r^{n+1}, 두 m_1-분자들 사이에 작용하는 반발력은 K_2/r^{n+1}이다. 그러면:

$$R=\frac{K}{nr^n},\ \frac{2R}{\mu g^2}=\frac{2K(m+m_1)\rho^n}{nmm_1g^2b^n}.$$

$$b=\alpha\left[\frac{K(m+m_1)}{mm_1g^2}\right]^{1/n} \tag{195}$$

을 치환하면:

$$d\beta = \frac{d\rho}{\sqrt{1-\rho^2-\frac{2}{n}(\frac{\rho}{\alpha})^n}}.$$

제곱근이 가질 수 있는 모든 값에 대한 논의를 피하기 위하여, 작용하는 힘이 항상 반발력이라고 가정하면 R과 $2\rho^n/n\alpha^n$도 역시 +이다. 방정식 (193)에 의하면 β는 시간에 대하여 오직 증가하고, 제곱근 내의 양은 0을 통과하지 않고는 부호가 바뀌지 않으므로, β는

$$1-\rho^2-\frac{2}{n}\left(\frac{\rho}{\alpha}\right)^n = 0 \tag{196}$$

일 때까지 단순 증가할 것이다. 이 방정식의 가장 작은 양의 해를 $\rho(\alpha)$로 표기하면, 이는 주어진 n에 대하여 오직 α의 함수이다. n이 +이면 $\rho^2+2\rho^n/n\alpha^n$은 ρ의 한 개의 + 값에 대해서만 1일 수 있다. $\rho=\rho(\alpha)$일 때에 움직이는 물체는 m_1에 가장 가까운 궤도상의 점(근일점) A에 이르며, 점 A에서 그 속도는 r에 수직하다. 제곱근 부호 내의 양은 ρ가 더 이상 커질 때에만 −가 되고, 상수 ρ는 원궤도(반발력에서는 불가능한)에 해당하므로, ρ는 다시 감소할 수 밖에 없다. 이 문제가 완전히 대칭적이기 때문에 (궤도평면에 수직하며 m_1A를 통과하는 평면에 대하여) 거울상인 곡선을 생각할 수 있다. 반지름 벡터 $\rho(\alpha)=m_1A$와 궤도곡선의 두 점근방향 사이의 각은:

$$\theta = \int_0^{\rho(\alpha)} \frac{d\rho}{\sqrt{1-\rho^2-\frac{2}{n}\left(\frac{\rho}{\alpha}\right)^n}} = \theta(\alpha). \tag{197}$$

n의 값이 주어지면 이 각 역시 α의 함수로서 계산될 수 있다. 2θ는 궤도곡선의 두 점근선 사이의 각이므로, m-분자가 충돌 전 m_1-분자에 접근하는 선과 충돌 후 m_1-분자로부터 멀어지는 방향 사이의 각이다.(충돌 전의

선은 충돌 전 분자의 운동방향에 반대이며, 충돌 후의 선은 충돌 후 분자의 운동방향과 일치한다.) 각각 충돌 전과 충돌 후의 방향을 나타내는 두 선 g, g' 사이의 각은 $\pi-2\theta$이다.(이 선들은 그림 7의 선 DC 및 점 D를 지난 BD의 연장선이다.)

충돌하는 두 개의 분자들이 탄성구라면, 그림 7에 한 가지의 수정을 가해야 한다. 구 반지름의 합은 $m_1D=\sigma$이다. m_1에 대한 m-분자의 상대운동은 곡선 BAC가 아니라 꺾어진 선 BDC를 따라서 일어난다; $b \le \sigma$인 경우:

$$\theta = \arcsin \frac{b}{\sigma} \tag{198}$$

이지만 b가 큰 경우 $\theta=\pi/2$이다.

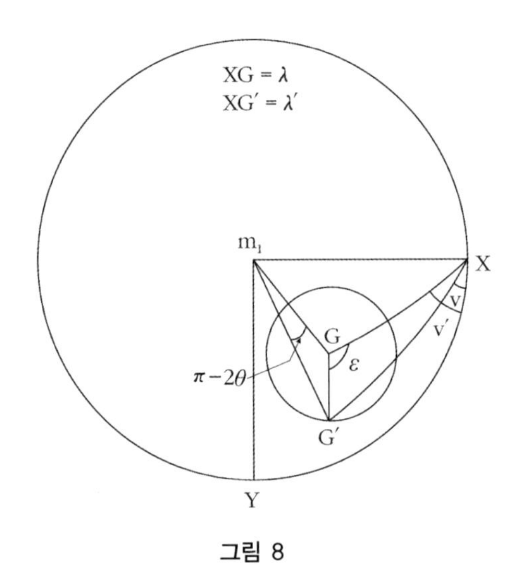

그림 8

그림 8에서 중심이 m_1이고 반지름이 1인 구면을 생각해보자. 이 구면은 m_1으로부터 g와 g'에 평행하게 그은 두 선과 G, G'에서 만나고, 고정된 수

평축에 평행하며 m_1을 통과하는 선과는 X에서 만난다. 그러면 이 구면상의 가장 큰 원호 GG'는 $\pi-2\theta$이다.

각 ϵ는 §16에서 다음과 같이 정의되었다. g'에 수직하며 m_1을 통과하는 면 E를 그리자. m_1G를 통과하는 두 반평면을 그려서, 하나는 선 b를 포함하고(이것을 궤도평면이라고 불렀다.) 다른 하나는 양의 수평축을 포함하도록 하자. 이렇게 하면, ϵ는 이 두 반평면들이 평면 E를 만나는 두 선 사이의 각이 된다; 따라서 이는 두 반평면들 사이의 각이기도 하고, 구면상의 두 "큰" 원호 GX와 GG' 사이의 각이기도 한데, "큰" 원호는 π보다는 작은 것 중에서 가장 큰 원호를 의미한다.

구면상의 삼각형에 있어서:

$$(199)\quad \cos(G'X) = \cos(GX)\cos(GG') + \sin(GX)\sin(GG')\cos\epsilon.$$

여기에서

$$\measuredangle GG' = \pi - 2\theta,\ g'\cos(G'X) = \xi' - \xi_1',$$
$$g\cos(GX) = \xi - \xi_1,\ g\sin(GX) = \sqrt{g^2 - (\xi - \xi_1)^2}$$

이며, $GX < \pi$이므로 제곱근의 +부호를 사용해야 한다.

방정식 (199)에 충돌 전과 충돌 후의 상대속도의 크기 $g = g'$를 곱하면:

$$\xi' - \xi_1' = (\xi - \xi_1)\cos(\pi - 2\theta) + \sqrt{g^2 - (\xi - \xi_1)^2}\sin 2\theta\cos\epsilon.$$

이 방정식에 m_1을 곱하고 방정식

$$m\xi' + m_1\xi_1' = m\xi + m_1\xi_1 = (m + m_1)\xi + m_1\xi_1 - m\xi$$

에 더하면:

$$(200)\quad \xi' = \xi + \frac{m_1}{m + m_1}\left[2(\xi_1 - \xi)\cos^2\theta + \sqrt{g^2 - (\xi - \xi_1)^2}\sin 2\theta\cos\epsilon\right].$$

한 가지의 기체만 존재한다면, $m_1 = m, K = K_1$ 이므로:

$$(201) \qquad \xi' = \xi + (\xi_1 - \xi)\cos^2\theta + \sqrt{g^2 - (\xi - \xi_1)^2}\,\sin\theta\cos\theta\cos\epsilon.$$

$\xi - u, \xi' - u, \eta - v \cdots$ 을 $\alpha, \alpha', \beta \cdots$ 으로 표기하면, α, β, γ에 대한 마찬가지의 방정식:

$$(202) \qquad \alpha' = \alpha + (\alpha_1 - \alpha)\cos^2\theta + \sqrt{g^2 - (\alpha - \alpha_1)^2}\,\sin\theta\cos\theta\cos\epsilon$$

을 얻는다.

$B_5(\alpha^2)$ 를 구하기 위하여

$$(\alpha'^2 + \alpha_1'^2 - \alpha^2 - \alpha_1) f f_1 d\omega\, d\omega_1\, gb\, dg\, d\epsilon$$

를 ϵ에 대하여 0부터 π까지 적분한다. 이렇게 하면 궤도곡선 전체가 변하지 않는다. 그러고 나서 α, β, γ 및 α', β', γ' 를 일정하게 두고서 b에 대하여 적분한 후에 α, β, γ, α', β', γ' 에 대하여 최종적으로 적분한다. 방정식 (201)과 (202)는 동등하므로 $B_5(\alpha^2)$ 에서 α, β, γ 대신에 ξ, η, ζ를 넣으면 $B_5(\xi^2)$ 을 얻는다.

$\cos\epsilon$ 의 1차항을 포함하는 항들을 제외하면,

$$\begin{aligned}\alpha'^2 - \alpha^2 &= 2(\alpha_1\alpha - \alpha^2)\cos^2\theta + (\alpha_1 - \alpha)^2\cos^4\theta + \frac{1}{4}[g^2 - (\alpha - \alpha_1)^2]\sin^2 2\theta\cos^2\epsilon \\ &= (\alpha_1^2 - \alpha^2)\cos^2\theta - p^2\sin^2\theta\cos^2\theta + (g^2 - p^2)\sin^2\theta\cos^2\theta\cos^2\epsilon.\end{aligned}$$

좌표방향에 대한 상대속도의 성분들을 p, q, r로 하면,

$$(203) \qquad \begin{cases} p = \xi - \xi_1 = \alpha - \alpha_1 \\ q = \eta - \eta_1 = \beta - \beta_1 \\ r = \zeta - \zeta_1 = \gamma - \gamma_1 \end{cases}$$

이다. $\alpha'^2-\alpha^2$에서 발생하는 $\alpha_1{}'^2-\alpha_1^2$을 α와 r_1의 순열에 의하여 나타내면:

$$\int_0^{2\pi}(\alpha'^2+\alpha_1{}'^2-\alpha^2+\alpha_1^2)d\epsilon=2\pi(g^2-3p^2)\sin^2\theta\cos^2\theta.$$

당분간 한 가지 기체에 대해서만 생각할 것이므로, $m_1=m$, $K=K_1$로 하여, 방정식 (195)에 따르면:

(204) $$b=\left(\frac{2K_1}{m}\right)^{1/n}g^{-2/n}\alpha.$$

$\alpha, \beta, \gamma, \alpha_1, \beta_1, \gamma_1$과 g가 b와 ϵ에 대한 적분에서는 상수로 취급되므로:

(205) $$db=\left(\frac{2K_1}{m}\right)^{1/n}g^{-2/n}d\alpha.$$

따라서

(205a) $$\begin{cases}\displaystyle\int_0^{\infty}\int_0^{2\pi}(\alpha'^2+\alpha_1{}'^2-\alpha^2+\alpha_1^2)b\,db\,d\epsilon\\ \displaystyle=2\pi(g^2-3p^2)\left(\frac{2K_1}{m}\right)^{2/n}g^{-4/n}\int_0^{\infty}\sin^2\theta\cos^2\theta\,\alpha d\alpha.\end{cases}$$

이것을 $B_5(\alpha^2)$에 치환하면 적분 부호 내에 $g^{1-(4/n)}$을 얻는다; 따라서 n은 어떤 경우에도 양수이므로 g의 음수 혹은 분수 멱급의 항이 나타나며, 이를 적분하는 것은 매우 어렵다. $n=4$인 경우에만 g가 완전히 없어져서 적분이 비교적 쉽게 된다. 두 분자들 사이의 반발력을 K/r^{n+1}로 하였으므로, 이는 두 분자들이 거리의 5제곱에 반비례하는 힘으로 반발함을 의미하여, 아래에서 볼 수 있듯이 점성, 확산, 열전도율의 온도에 대한 의존성이 (수증기, 이산화탄소와 같은) 화합물 기체의 경우에는 실험과 잘 일치하지만 (산소, 수소, 질소와 같은) 좀 더 흔한 기체들의 경우에는 잘 일치하지 않는다. 이러한 힘법칙을 끌어낼 다른 현상은 알려져 있지 않다. 기체분자들이 실제로 거리의 5제곱에 반비례하는 힘으로 반발하는 점질량처럼 거동한다고 단언하고 싶지는 않지만, 역학적 모형의 문제이므로 가장 계산이 쉬운, 맥스웰[53]에 의하여 도입된 이 힘법칙을 차용하고자 한다. 또한, 이 힘법칙에 따르면 반발력이 거리가 줄어들면 너무 빨리 증가하기 때문에, (별로 중요하지 않은, 비껴가는 충돌을 제외하면) 분자운동이 탄성구의 운동과 거의 다르지 않다. 이를 보이기 위하여 맥스웰[54]은 매우 유익한 그림을 제시하였는데, 여기에서 몇 개 분자들의 중심의 운동경로는 동일한 속도의 고정된 분자에 투사되고, 분자들은 여러 종류의 힘법칙에 의하여 반발된다. 이 분자들의 경로와 탄성구들의 경로를 비교하기 위하여 다음과 같이 한다: 맥스웰의 그림에서 중심이 S이고, 반지름이 맥스웰의 점선으로 나타나는 원을 표시하여, 그 반지름이 각 힘법칙에서 두 분자들이 접근하는 최단거리가 되도록 하자. 두 분자들이 탄성구이고 그 지름이 최단거리이며, 한 개의 탄성구를 고정시키고 다른 하나를 이것에 던지면 (동시에 던지는 것이 아니라 상호 간 간섭이 발생하지 않도록 한 개씩) 맥스웰의 그림은 이에 따라 수정되는데, 고정된 분자의 중심은 여전히 S이고, 움직이는 분자들의 중심은 맥스웰의 그림에 나타난 방향과 같지만, 마치 작은 탄성구들처럼 표시된 원으로부터 튕겨 나올 것이다.

탄성구들의 경로는 맥스웰의 힘법칙을 따르는 경로와 다르기는 하지만 정성적으로 현저하게 다르지는 않음을 알 수 있다.

다음의 논의에서 우리는 맥스웰을 따라 $n = 4$로 놓으면 방정식 (205a)에 의하여:

53) Maxwell, Phil. Trans. 4. **157**,49(1867).

54) Maxwell, Phil. Mag. [4] **35**, 145(1868); Scient. Pap. 2, p. 42.

(206) $$\int_0^{2\pi}(\alpha'^2+\alpha_1{}'^2-\alpha^2-\alpha_1^2)gb\,db\,d\epsilon=\sqrt{\frac{K_1}{2m}}\frac{A_2}{g}(g^2-3p^2)$$

이며,

(207) $$A_2=4\pi\int_0^\infty \sin^2\theta\cos^2\theta\,\alpha d\alpha$$

은 숫자이다.[55]

방정식 (197)에 의하면

$$\theta=\int_0^{\rho(\alpha)}\frac{d\rho}{\sqrt{1-\rho^2-\frac{1}{2}\frac{\rho^4}{\alpha^4}}}.$$

이 적분의 상한에서만 제곱근 부호 내의 양의 값이 +이므로, θ는 타원적분과 α의 함수로서 나타낼 수 있다. 적분 (207)은 역학적 원적법으로 맥스웰에 의하여 계산되었다:

(209) $$A_2=1.3682\cdots$$

방정식 (137)에 따르면,

(210) $$B_5(\alpha^2)=\frac{1}{2}\iint\int_0^\infty\int_0^{2\pi}(\alpha'^2+\alpha_1{}'^2-\alpha^2-\alpha_1^2)ff_1gb\,d\omega\,d\omega_1\,db\,d\epsilon.$$

55) (208) $$2\pi\int_0^\infty gb\,db\sin^2\theta\cos^2\theta=A_2\sqrt{\frac{K_1}{2m}}.$$

(206)을 넣으면:

$$(211) \qquad B_5(\alpha^2) = \frac{1}{2}\sqrt{\frac{K_1}{2m}}\, A_2 \iint (g^2 - 3p^2) f f_1 d\omega\, d\omega_1.$$

이로부터:

$$\begin{aligned} g^2 - 3p^2 &= \eta^2 + \eta_1^2 + \zeta^2 + \zeta_1^2 - 2\xi^2 - 2\xi_1^2 - 2\eta\eta_1 - 2\zeta\zeta_1 + 4\xi\xi_1 \\ &= \beta^2 + \beta_1^2 + \gamma^2 + \gamma_1^2 - 2\alpha^2 - 2\alpha_1^2 - 2\beta\beta_1 - 2\gamma\gamma_1 + 4\alpha\alpha_1 \end{aligned}$$

을 얻는다.

$d\omega_1$에 대한 적분에서 ξ, η, ζ 또는 α, β, γ는 적분기호 바깥으로 뺄 수 있고, $d\omega$에 대한 적분에서는 ξ_1, η_1, ζ_1 또는 $\alpha_1, \beta_1, \gamma_1$를 적분기호 바깥으로 뺄 수 있다. 방정식 (197)에 의하면:

$$(212) \qquad \int \eta^2 f d\omega = \frac{\rho}{m}\overline{\eta^2}, \int \eta f d\omega = \frac{\rho}{m}\bar{\eta}, \int \beta^2 f do = \frac{\rho}{m}\overline{\beta^2} \text{ 등.}$$

그러나 충돌하는 두 분자는 동등하여, 즉 정적분에서 적분되는 변수에는 어떠한 표기도 가능하므로:

$$\int \eta_1^2 f_1 d\omega_1 = \int \eta^2 f d\omega = \frac{\rho}{m}\overline{\eta^2} \text{ 등.}$$

$\bar{\alpha} = \bar{\beta} = \bar{\gamma} = 0$이므로:

$$(213) \begin{cases} B_5(\alpha^2) = \sqrt{\dfrac{K_1}{2m^5}}\, A_2 \rho^2 (\overline{\eta^2} + \overline{\zeta^2} - 2\overline{\xi^2} - \bar{\eta}\bar{\eta} - \bar{\zeta}\bar{\zeta} + 2\bar{\xi}\bar{\xi}) \\ \qquad = \sqrt{\dfrac{K_1}{2m^5}}\, A_2 \rho^2 (\overline{\beta^2} + \overline{\gamma^2} - 2\overline{\alpha^2}) = \sqrt{\dfrac{K_1}{2m^5}}\, A_2 \rho^2 (\overline{c^2} - 3\overline{\alpha^2}). \end{cases}$$

$c = \sqrt{\alpha^2 + \beta^2 + \gamma^2}$ 는 부피요소 내 모든 분자들의 평균운동에 대한 한 분

자의 총속도이다.

맥스웰은 좌표변환에 의하여 $B_5(\alpha\beta)$를 계산했다. xy 평면에서 x-, y-축을 λ의 각으로 회전한 새로운 x-, y-축을 생각해보자. 새로운 x-, y-축에서의 양들을 대문자로 표기하면:

$$\alpha = X\cos\lambda - Y\sin\lambda, \beta = Y\cos\lambda + X\sin\lambda,$$
$$p = B\cos\lambda - \varDelta\sin\lambda \text{ 등.}$$

이 값들을 방정식 (206)에 넣으면 $\cos^2\lambda$, $\cos\lambda\sin\lambda$, $\sin^2\lambda$에 대한 동일한 항들을 얻는다. $\lambda=0$으로 하면 $\cos^2\lambda$ 항이 같아지며, $\lambda=\pi/2$으로 하면 $\sin^2\lambda$의 항이 같아진다. 따라서 등호의 좌변과 우면에서 $\cos\lambda\sin\lambda$로 곱해진 항들이 같아야 한다. 각각을 동일하게 놓으면:

$$\int_0^\infty \int_0^{2\pi} (X'Y' + X_1'Y_1' - XY - X_1Y_1)gb\,db\,d\epsilon = -3\sqrt{\frac{K_1}{2m}}A_2B\varDelta.$$

새로운 좌표축들은 그 이전의 좌표축들과 동등하므로, 대문자 대신에 소문자를 써도 무방할 것이다. 방정식 (206)에서처럼 적분을 행하면:

$$B_5(\alpha\beta) = \frac{1}{2}\iint\int_0^\infty\int_0^{2\pi}(\alpha'\beta' + \alpha_1'\beta_1' - \alpha\beta - \alpha_1\beta_1)gbff_1\,d\omega\,d\omega_1\,db\,d\epsilon$$
$$= -3\sqrt{\frac{K_1}{2m^5}}A_2\rho^2(\overline{\xi\eta} - \bar{\xi}\bar{\eta}) = -3\sqrt{\frac{K_1}{2m^5}}\rho^2A_2\overline{\alpha\beta}.$$

§22. 완화시간. 점성에 대하여 보정된 유체역학 방정식. 구면(球面) 함수를 이용한 B_5의 계산

이제 이 값을 일반 방정식 (187)에 치환해야 하겠다. 우선 특수한, 완전히 이상적인 경우(무한 공간 내의 한 가지 기체)를 다루겠다. 외부힘은 없다. 어느 부피요소 내에서 속도성분들이 ξ와 $\xi+d\xi$, η와 $\eta+d\eta$, ζ와 $\zeta+d\zeta$ 사이의 값을 가지는 분자들의 개수는 시간 $t=0$에서 $f(\xi,\eta,\zeta,t)do d\xi d\eta d\zeta$ 이며, 함수 f는 모든 부피요소에 있어서 동일하다. 모든 부피요소들은 동일한 조건하에 있으므로 $f(\xi,\eta,\zeta,t)$ 역시 모든 부피요소에서 같은 값을 갖는다. 만약

$$f(\xi,\eta,\zeta,0)=ae^{-hm[(\xi-u)^2+(\eta-v)^2+(\zeta-w)^2]}$$

이라면 (a, h, u, v, w는 상수), 일정한 속도성분 u, v, w로 이동하는 맥스웰 분포를 얻게 된다. 그러면 $\overline{(\xi-u)^2}=\overline{(\eta-v)^2}=\overline{(\zeta-w)^2}$, $\overline{(\xi-u)(\eta-v)}=\overline{(\xi-u)(\zeta-w)}=\overline{(\eta-v)(\zeta-w)}=0$이고, 기체와 함께 움직이는 관찰자의 관점에서 볼 때에 상태분포는 시간에 따라 변하지 않을 것이다. $f(\xi,\eta,\zeta,0)$이 다른 함수라면 초기의 속도분포는 맥스웰 분포와 다르겠지만, 각 부피요소에서는 동일하다. 이 분포는 시간에 따라 변하지만 기체의 가시적 운동의 성분

$$u=\bar{\xi}=\frac{\int \xi f d\omega}{\int f d\omega},\ v=\bar{\eta}=\frac{\int \eta f d\omega}{\int f d\omega},\ w=\bar{\zeta}=\frac{\int \zeta f d\omega}{\int f d\omega}$$

은 질량중심의 운동 보전법칙에 의하여 시간 t에 따라서 변하지 않는다. 다시 $\xi-u=\alpha, \eta-v=\beta, \zeta-w=\gamma$로 놓으면, 일반적으로

$$\overline{\alpha^2}-\overline{\beta^2},\ \overline{\alpha^2}-\overline{\gamma^2},\ \overline{\beta^2}-\overline{\gamma^2},\ \overline{\alpha\beta},\ \overline{\alpha\gamma},\ \overline{\beta\gamma}$$

는 0과 다르다. 이 항들은 x, y, z에 의존하지 않으므로 (188)로부터:

$$\rho \frac{\partial \overline{\theta}}{\partial t} = m B_5(\theta). \tag{215}$$

$\theta = \alpha^2$ 또는 $\theta = \alpha\beta$로 치환하면 (213)과 (214)를 이용:

$$\frac{d\overline{\alpha^2}}{dt} = \sqrt{\frac{K_1}{2m^3}} A_2 \rho (\overline{c^2} - 3\overline{\alpha^2}), \quad \frac{d\overline{\alpha\beta}}{dt} = -3\sqrt{\frac{K_1}{2m^3}} A_2 \rho \overline{\alpha\beta}.$$

마찬가지로, 위 방정식의 첫 번째 관계에서

$$\frac{d\overline{\beta^2}}{dt} = \sqrt{\frac{K_1}{2m^3}} A_2 \rho (\overline{c^2} - 3\overline{\beta^2})$$

이 되며, 따라서

$$\frac{d(\overline{\alpha^2} - \overline{\beta^2})}{dt} = -3\sqrt{\frac{K_1}{2m^3}} A_2 \rho (\overline{\alpha^2} - \overline{\beta^2}).$$

모든 항들이 x, y, z에 무관하므로 t에 대한 미분은 상식적인 것으로 보면 된다. 또한, 모든 부피요소들이 동등하므로 측면을 통하여 들어온 분자 개수는 반대편으로 빠져나간 분자 개수와 정확히 일치할 것이다. 따라서 밀도 ρ는 일정할 것이므로, 이 방정식들을 적분하면 ($t = 0$을 나타내기 위하여 첨자 0을 사용):

$$\overline{\alpha^2} - \overline{\beta^2} = (\overline{\alpha_0^2} - \overline{\beta_0^2}) e^{-3\sqrt{(K_1/2m^3)} A_2 \rho t}, \quad \overline{\alpha\beta} = (\overline{\alpha_0 \beta_0}) e^{-3\sqrt{(K_1/2m^3)} A_2 \rho t}.$$

ρ를 곱하면 [(179)의 표기를 참조]:

$$X_x - Y_y = (X_x^0 - Y_y^0) e^{-3\sqrt{(K_1/2m^3)} A_2 \rho t}, \quad X_y = X_y^0 e^{-3\sqrt{(K_1/2m^3)} A_2 \rho t}.$$

다른 좌표축에 대해서도 마찬가지의 방정식이 성립한다. 여기에서 다루는 특수한 경우에는 두 가지 서로 다른 방향(예를 들면 $X_x - Y_y$)의 수직압력과 접선 방향의 힘은 시간에 대하여 기하순열로 감소한다. 이 힘의 크기가 e배만큼 줄어드는 시간은 모든 양에 대하여 같고,

$$(216) \qquad \frac{1}{3A_2\rho}\sqrt{\frac{2m^3}{K_1}} = \tau$$

이다. 맥스웰[56]은 이를 완화시간(relaxation time)이라 하였다. 우리는 이에 대하여 곧 논의할 것이다.

이제 일반적인 경우로 돌아가겠다. 이 경우에 더 이상 $\rho\overline{\alpha^2} = \rho\overline{\beta^2} = \overline{\rho\gamma^2} = 0$은 아니지만, 근사적으로는 이 관계들은 옳다. 따라서 이 중 하나와 거의 같은 양이 이로부터 얼마나 벗어나는지를 계산하고자 하며, 이를 위하여 산술평균을 사용하고자 한다. 방정식 (181)이 성립하기 위한 가정에 의하면 이것은 p로 표기되는 양과 같으므로, 다시 이를 p로 나타내면,

$$(217) \qquad p = \frac{\rho}{3}(\overline{\alpha^2} + \overline{\beta^2} + \overline{\gamma^2}) = \frac{\rho}{3}\overline{c^2}$$

이다. 방정식 (189)의 우변을 χ로 표기하고 (213)에 제시된 $B_5(\alpha^2)$의 값을 치환하면:

$$(218) \qquad \overline{c^2} - 3\overline{\alpha^2} = \frac{1}{A_2\rho^2}\sqrt{\frac{2m^3}{K_1}}\,\chi.$$

이제 두 개의 양 $\overline{c^2} = (\overline{\alpha^2} + \overline{\beta^2} + \overline{\gamma^2})$과 $3\overline{\alpha^2}$ 사이의 작은 차이를 구하고자 한다. 이는 방정식 (218)의 우변과 마찬가지로 매우 작은 무한소의 1차항이

56) Maxwell, Phil. Trans. **157**, 49(1867), 특히 방정식 (130). 맥스웰은 이것을 “완화시간의 계수”라 불렀다.

다; 따라서 우리는 (218)의 우변에서 가장 큰 차수의 항들만을 취하여야 할 것이다. 그보다 작은 항들은 또한 $\overline{c^2} - 3\overline{\alpha^2}$ 보다 작으며, χ에 대한 식에서

$$\rho\overline{\alpha^2} = \rho\overline{\beta^2} = \overline{\rho\gamma^2} = p, \overline{\alpha\beta} = \overline{\alpha\gamma} = \overline{\beta\gamma} = \overline{\alpha^3} = \overline{\alpha\beta^2} = \overline{\alpha\gamma^2} = 0$$

이다.

그러면 [방정식 (191) 참조]

$$\chi = \rho\frac{d\left(\frac{p}{\rho}\right)}{dt} + 2p\frac{\partial u}{\partial x}$$

임을 우리는 이미 알고 있다.

$\overline{\alpha^2}$과 X_x 및 시간에 대한 의존성을 알고자 하므로, 시간에 대한 도함수를 포함하는 항을 제거해야 할 것이다. 이는 쉬운데, 같은 정도의 정확도에서

$$\rho\frac{d\left(\frac{p}{\rho}\right)}{dt} = -\frac{2p}{3}\left(\frac{\partial u}{\partial x} + \frac{\partial v}{\partial y} + \frac{\partial w}{\partial z}\right)$$

이기 때문이다.

따라서 1차의 근사에 의하면

$$\chi = -\frac{2p}{3}\left(2\frac{\partial u}{\partial x} - \frac{\partial v}{\partial y} - \frac{\partial w}{\partial z}\right).$$

χ에 대한 식에 나타나는 다음의 항들은 더 작은 크기의 항 $\overline{c^2} - 3\overline{\alpha^2}$를 제공하는바, 우리는 이를 무시할 것이다. 따라서 (218)에 따르면,

$$\overline{c^2} - 3\overline{\alpha^2} = \frac{2p}{3A_2\rho^2}\sqrt{\frac{2m^3}{K_1}}\left(2\frac{\partial u}{\partial x} - \frac{\partial v}{\partial y} - \frac{\partial w}{\partial z}\right)$$

이므로, $\rho\overline{c^2} = 3p$로 놓으면,

$$X_x = \rho\overline{\alpha^2} = p - \frac{2p}{9A_2\rho}\sqrt{\frac{2m^3}{K_1}}\left(2\frac{\partial u}{\partial x} - \frac{\partial v}{\partial y} - \frac{\partial w}{\partial z}\right).$$

이제 $B_5(\alpha\beta)$에 대한 (214)의 값을 방정식 (190)에 치환하고자 한다. 이 방정식의 우변에서 같은 이유로 $\rho\overline{\alpha^2} = \rho\overline{\beta^2} = \overline{\rho\gamma^2} = p$로 놓고, $^-$ 부호하의 α, β, γ의 홀수차항들을 0으로 놓으면:

(218a) $$\overline{\alpha\beta} = -\frac{p}{3A_3\rho^2}\sqrt{\frac{2m^3}{K_1}}\left(\frac{\partial v}{\partial x} + \frac{\partial u}{\partial y}\right).$$

(219) $$\frac{p}{3A_3\rho}\sqrt{\frac{2m^3}{K_1}} = pr = \Gamma$$

로 줄여서 나타내면, 다음 값들을 얻는다:

(220) $$\begin{cases} X_x = \rho\overline{\alpha^2} = p - \frac{2\Gamma}{3}\left(2\frac{\partial u}{\partial x} - \frac{\partial v}{\partial y} - \frac{\partial w}{\partial z}\right), \\ Y_y = \rho\overline{\beta^2} = p - \frac{2\Gamma}{3}\left(2\frac{\partial v}{\partial y} - \frac{\partial u}{\partial x} - \frac{\partial w}{\partial z}\right), \\ Z_z = \rho\overline{\gamma^2} = p - \frac{2\Gamma}{3}\left(2\frac{\partial w}{\partial z} - \frac{\partial u}{\partial x} - \frac{\partial v}{\partial y}\right), \\ X_y = Y_x = \rho\overline{\alpha\beta} = -\Gamma\left(\frac{\partial v}{\partial x} + \frac{\partial u}{\partial y}\right), \\ X_z = Z_x = \rho\overline{\alpha\gamma} = -\Gamma\left(\frac{\partial w}{\partial x} + \frac{\partial u}{\partial z}\right), \\ Y_z = Z_y = \rho\overline{\beta\gamma} = -\Gamma\left(\frac{\partial v}{\partial z} + \frac{\partial w}{\partial z}\right). \end{cases}$$

물론, 이 방정식들은 완전히 정확하지는 않지만, 방정식 $X_x = Y_y = Z_z = p$, $X_y = Y_x = X_z = Z_x = Y_z = Z_y = 0$보다는 한 단계 더 정확하다. 이 값들을 운동방정식 (185)에 넣으면

$$
(221) \quad \begin{cases} \rho \dfrac{du}{dt} + \dfrac{\partial p}{\partial x} = -\Gamma \left[\Delta u + \dfrac{1}{3} \dfrac{\partial}{\partial x} \left(\dfrac{\partial u}{\partial x} + \dfrac{\partial v}{\partial y} + \dfrac{\partial w}{\partial z} \right) \right] - \rho X = 0 \\ \rho \dfrac{dv}{dt} + \dfrac{\partial p}{\partial y} = -\Gamma \left[\Delta v + \dfrac{1}{3} \dfrac{\partial}{\partial y} \left(\dfrac{\partial u}{\partial x} + \dfrac{\partial v}{\partial y} + \dfrac{\partial w}{\partial z} \right) \right] - \rho Y = 0 \\ \rho \dfrac{dw}{dt} + \dfrac{\partial p}{\partial z} = -\Gamma \left[\Delta w + \dfrac{1}{3} \dfrac{\partial}{\partial z} \left(\dfrac{\partial u}{\partial x} + \dfrac{\partial v}{\partial y} + \dfrac{\partial w}{\partial z} \right) \right] - \rho Z = 0 \end{cases}
$$

을 얻는다. 여기에서 Γ는 상수로 취급되는데, Γ가 사실은 온도의 함수이고, 온도는 압축 또는 팽창과정에서 변하므로 엄밀히 말하면 Γ는 상수가 아니다. 그러나 온도에 대한 Γ의 의존성이 명확하지 않고, 별로 과격하지 않은 운동에서는 기체가 비가압적 유체처럼 거동하여 압축이나 팽창이 별로 발생하지 않을 것이므로 Γ를 상수로 하여도 이에 의한 오차는 중요하지 않다. 방정식 (221)은 이미 잘 알려져 있는, 점성에 대하여 보정을 가한 유체역학 방정식이다. p를 일정하게 두고 $X = Y = Z = 0$, $v = w = 0$, $u = ay$로 하면 이 방정식이 만족되어 기체의 가능한 운동을 얻는다. xy-평면에 평행한 기체의 각 층은 x-방향으로 ay의 속도로 이동하며, a는 단위거리로 떨어져 있는 두 층들 사이의 속도 차이이다. 이 층들 중에 하나는 고정되어 있어야 하고, 다른 하나는 일정 속도의 운동을 유지하도록 해야 한다. 방정식 (221)에 의하면 단위면적에 대한 이 층들의 접선 방향의 힘은 $a\Gamma$이니, Γ는 따라서 우리가 §12에서 점성계수라고 부른 양이다. 방정식 (219)로부터 이 점성계수는 p/ρ, 즉 절대온도에 비례하며, 주어진 온도에서는 압력과 밀도에 무관하다. 압력과 밀도에 대한 점성계수의 독립적인 관계는 탄성구에 대해서도 성립하지만 이 경우에 Γ는 절대온도의 제곱근에 비례한다. 충돌의 시작과 끝이 명확히 정의되지 않으므로 Γ의 수치값으로부터 평균자유행로를 계산할 수는 없는데, 이 값은 분자의 질량 m과 힘법칙의 상수 K_1 사이의 관계만을 제시할 수 있다. 또한 완화시간 $\tau = R/p$의 계산도 가능한데, §12에서 사용된 질소의 Γ 값으로부터 대기압 15℃에서 약 $\tau = 2 \times 10^{-10}$ 초의 값을 얻는다.

이제 $B_5(\alpha^3), B_5(\alpha\beta^2)$ 등을 계산해보자. 방정식 (201)을 3차항들로 올려서 적분을 행하는 것은 $B_5(\alpha^2)$를 계산하는 경우와 마찬가지로 어렵지 않다. 동일한 좌표변환을 사용하면 $B_5(\alpha\beta^2), B_5(\alpha\gamma^2)$ 및 다른 B_5 항들을 얻을 수 있는데, 이 항들은 α, β, γ의 3차항들을 독립변수로 소유한다. $B_5(\alpha\beta\gamma)$는 공간 (3-차원) 좌표변환을 사용하여 구하여야 한다. 여기에서 우리는 맥스웰이 그의 생애 마지막 몇 개월 사이에 논문 「희박한 기체의 응력에 대하여」[57]의 괄호 안의 노트로서 도입한 다른 방법을 사용하고자 한다.

방정식

$$\frac{\partial^2 p}{\partial x^2} + \frac{\partial^2 p}{\partial y^2} + \frac{\partial^2 p}{\partial z^2} = 0$$

를 만족하는 x, y, z의 n차 함수 p를 n차의 (고체) 구면함수라 부르자. 여기에서($x = \cos\lambda, y = \sin\lambda\cos\nu, z = \sin\lambda\sin\nu$)로 치환하면 n차의 구표면함수로 변환된다. 또한, 함수

$$(1 - 2\mu x + x^2)^{-1/2} \tag{222}$$

를 전개할 때에 나타나는 멱급수에서 x^n의 계수를 $P^{(n)}(\mu)$ (띠 구면함수 또는 독립변수 한 개의 구면함수)으로 표기한다. G, G'를 극좌표가 각각 (λ, ν), (λ', ν')인 구면상의 두 점이라 하고, G_i를 구면상의 다른 $n+1$개의 점들을 나타내는 기호로 하자. G_i의 극좌표를 (λ_i, ν_i)라 하면

57) Maxwell, Phil. Trans. **170**. 231(1879); Scient. Pap. 2, 681.

(223) $$p^{(n)}(\lambda', \nu') = \sum_{i=1}^{i=2n+1} c_i P^{(n)}(s_i{}')$$

이며, $s_i{}'$ 는 구면각 $G\ G_i$ 의 코사인이며, c_i 는 결정되어야 할 상수이다. G와 G_i를 일정하게 놓고, G' 은 구면각 GG' 이 항상 일정하게 되는 원을 나타내도록 하자. 구면각 GG' 의 코사인은 μ라 하자. 큰 원 GG' 와 G를 통과하는 고정된 원 사이의 각을 ϵ라 하면:

$$\frac{1}{2\pi}\int_0^{2\pi} p^{(n)}(\lambda', \nu')d\epsilon = \sum_{i=1}^{i=2n+1} \frac{c_i}{2\pi}\int_0^{2\pi} P^{(n)}(s_i{}')d\epsilon.$$

또한:[58]

$$\int_0^{2\pi} P^{(n)}(s_i{}')d\epsilon = 2\pi P^{(n)}(\mu)\, P^{(n)}(s_i)$$

이며, s_i 는 구면각 GG_i 의 코사인이다. 따라서:

$$\int_0^{2\pi} p^{(n)}(\lambda', \nu')d\epsilon = 2\pi P^{(n)}(\mu) \sum_{i=1}^{i=2n+1} c_i P^{(n)}(s_i).$$

방정식 (113)에서와 마찬가지로 위 방정식 내의 합은 $P^{(n)}(\lambda, \nu)$ 의 값을 가지므로:[59]

(224) $$\int_0^{2\pi} p^{(n)}(\lambda', \nu')d\epsilon = 2\pi P^{(n)}(\mu)\, p^{(n)}(\lambda, \nu).$$

우리는 이 정리를 사용하면 특수한 경우의 B_5, 특히 $B_5(\alpha\beta)$를 얻을 수 있음을 보이고자 한다.

58) Heine, *Handbuch der Kugelfunctionen*.(2nd ed.). p. 322.
59) 이 맥스웰 정리를 증명한 게겐바우어(Gegenbauer) 교수에게 감사한다.

전과 마찬가지로 $\xi,\eta,\zeta,\xi_1,\eta_1,\zeta_1,\xi',\eta',\zeta',\xi_1',\eta_1',\zeta_1'$ 을 충돌 전과 후의 두 분자들의 속도성분들이라 하자. $\alpha,\beta,\gamma,\alpha_1,\beta_1,\gamma_1,\alpha',\beta',\gamma',\alpha_1',\beta_1',\gamma_1'$ 을 모든 m-분자들의 평균운동에 대한 상대속도의 성분으로 하여, $\xi-\alpha=u$, $\eta-\beta=v$ … 등으로 하자. u,v,w는 모든 분자들의 부피요소 내의 평균속도의 성분들이다. 또한 충돌 전에 속도성분이 ξ_1,η_1,ζ_1 인 분자에 대하여 속도성분 ξ,η 을 가지는 분자의 속도 g,g' 의 충돌 전, 충돌 후의 성분들을 각각

$$p=\xi-\xi_1=\alpha-\alpha_1, q=\eta-\eta_1=\beta-\beta_1, r=\zeta-\zeta_1=\gamma-\gamma_1,$$

$$p'=\xi'-\xi_1'=\alpha'-\alpha_1',\ q'=\eta'-\eta_1'=\beta'-\beta_1',\ r'=\zeta'-\zeta_1'=\gamma'-\gamma_1'$$

라 하자. 그 질량은 m 이지만, 속도성분이 ξ_1,η_1,ζ_1 인 분자를 m_1-분자라고 하자. 두 분자들에 의하여 형성된 계의 질량중심의 (부피요소 내의 모든 분자들의 평균속도에 대한 상대운동의) 2배속을

$$u=\alpha+\alpha_1=\alpha'+\alpha_1',\ v=\beta+\beta_1=\beta'+\beta_1',\ w=\gamma+\gamma_1=\gamma'+\gamma_1'$$

로 표기하면, 이는 충돌 전후에 동일하다. 그러면

$$4\alpha\beta=pq+uq+vp+uv$$

$$4\alpha_1\beta_1=pq-uq-vp+uv$$

$$4\alpha'\beta'=p'q'+uq'+vp'+uv$$

$$4\alpha_1'\beta_1'=p'q'-uq'-vp'+uv$$

이므로

(225) $$2(\alpha'\beta'+\alpha_1'\beta_1'-\alpha\beta-\alpha_1\beta_1)=p'q'-pq.$$

m_1의 주위에 반지름 1의 구를 만들자. m_1을 통과하고 수평축에 평행한 선들은 상대속도 g,g' 을 나타내는데, 이는 각각 X, G, G 에서 구면과 만날 것이

다.(그림 8 참조) (λ, ν), (λ', ν')를 각각 점 G, G'의 극좌표라 하자.(즉, λ, λ'은 각각 Xm_1G, Xm_1G'의 각이며, ν, ν'은 평면 $GmX, G'mX$가 각각 xy-평면과 이루는 각이다.) p, q, r, p', q', r' 은 좌표방향에 대한 g, g'의 투사이므로,

$$p = g\cos\lambda, q = g\sin\lambda\cos\nu, r = g\sin\lambda\sin\nu,$$
$$p' = g\cos\lambda', q' = g\sin\lambda'\cos\nu', r' = g\sin\lambda'\sin\nu'$$

이므로

$$pq = g^2 p^{(2)}(\lambda, \nu), p'q' = g^2 p^{(2)}(\lambda', \nu')$$

이며, $p^{(2)}(\lambda, \nu)$는 구면함수 $\cos\lambda\sin\lambda\cos\nu$이다. 이전에 우리는 구면-삼각형 각 XGG'을 ϵ으로, 각 Gm_1G'을 $\pi - 2\theta$로 표기하였는데, 그렇다면 구면함수에 대한 논의에서 인용한 정리에 의하면

$$\int_0^{2\pi} p^{(2)}(\lambda', \nu')d\epsilon = 2\pi p^{(2)}(\lambda, \nu)p^{(2)}(\mu) \tag{226}$$

이며, $\mu = \cos(\pi - 2\theta)$이다. (222)를 전개하면:

$$p^{(2)}(\mu) = \frac{3}{2}\mu^2 - \frac{1}{2} = \frac{3}{2}\cos^2(2\theta) - \frac{1}{2} = 1 - 6\sin^2\theta\cos^2\theta.$$

따라서

$$\int(\alpha'\beta' + \alpha_1'\beta_1' - \alpha\beta - \alpha_1\beta_1)d\epsilon = -\pi g^2 p^{(2)}(\lambda, \nu)\, 6\sin^2\theta\cos^2\theta$$
$$= -6\pi pq\sin^2\theta\cos^2\theta.$$

방정식 (208)과 비교하면,

$$\int_0^\infty gbdb\int_0^{2\pi}(\alpha'\beta' + \alpha_1'\beta_1' - \alpha\beta - \alpha_1\beta_1)d\epsilon = -3A_2\sqrt{\frac{K_1}{2m}}\,pq.$$

$$B_5(\alpha\beta) = \frac{1}{2}\iint\int_0^\infty\int_0^{2\pi}(\alpha'\beta' + \alpha_1{}'\beta_1{}' - \alpha\beta - \alpha_1\beta_1)gbff_1 d\omega d\omega_1 db d\epsilon$$

$$= -\frac{3}{2}A_2\sqrt{\frac{K_1}{2m}}\iint pqff_1 d\omega d\omega_1$$

이며, 마지막으로 방정식 (212)에 의하면:

$$B_5(\alpha\beta) = -3A_2\rho^2\sqrt{\frac{K_1}{2m^5}}\,\overline{\alpha\beta}.$$

방정식 (226)은 모든 2차 구면함수에 대하여 옳으므로, 일반적으로:

$$B_5[p^{(2)}(\alpha,\beta)] = -3A_2\rho^2\sqrt{\frac{K_1}{2m^5}}\,\overline{p^{(2)}(\alpha,\beta)}$$

이며, 예를 들면

$$B_5(\alpha^2 - \beta^2) = -3A_2\rho^2\sqrt{\frac{K_1}{2m^5}}\,(\overline{\alpha^2} - \overline{\beta^2}).$$

f가 x, y, z의 함수가 아니고 $X = Y = Z = 0$이면 (그리고 벽의 영향이 없다면) 방정식 (188)에 의하여

$$\rho\frac{d\theta}{dt} = mB_5(\theta). \tag{227}$$

따라서 f가 임의의 2차 구면함수라면 일반적으로

$$\theta = \theta_0 e^{-3A_2\rho\sqrt{K_1 t/2m^2}} \tag{228}$$

이므로

$$\frac{1}{\tau} = \frac{\Gamma}{p} = 3A_2\rho\sqrt{\frac{K_1}{2m^3}} \tag{229}$$

은 α, β, γ에 대한 모든 2차 구면함수의 완화시간—즉, 충돌의 작용에 의하여 구면함수의 값이 원래의 $1/e$로 감소할 때까지 걸리는 시간— 의 역수이다. 이로써 우리가 이전에 얻은 결과를 확인하였다.

이제 3차 구면함수, 즉 $\alpha^3 - 3\alpha\beta^2$으로 눈을 돌리자. 방정식 (225)에 대한 유추로서

$$4[\alpha'^3 + \alpha_1'^3 - \alpha^3 - \alpha_1^3 - 3(\alpha'\beta'^2 + \alpha_1'\beta_1'^2 - \alpha\beta^2 - \alpha_1\beta_1^2)]$$
$$= 3u(p'^2 - q'^2 - p^2 + q^2) - 6v(p'q' - pq).$$

대괄호 속의 수식을 Φ로 표기하면, 구면함수의 정리에 따라서

$$\int_0^{2\pi} \Phi d\epsilon = \frac{3\pi}{2}(up^2 - uq^2 - 2vpq)\frac{3}{2}(\mu^2 - 1).$$

$(\mu^2 - 1) = -4\sin^2\theta\cos^2\theta$ 임을 기억하자. $u = \alpha + \alpha_1, v = \beta + \beta_1, p = \alpha - \alpha_1, q = \gamma - \gamma_1$을 치환하고, 방정식 (212)를 적용하며, $\bar{\alpha} = \bar{\beta} = \bar{\gamma} = 0$이라 가정하면, 방정식 (208)에 의하여

$$\text{(230)} \quad \begin{cases} B_5(\alpha^3 - 3\alpha\beta^2) = \dfrac{1}{2}\iint\int_0^{\infty}\int_0^{2\pi}\Phi f f_1 g b \, d\omega \, d\omega_1 \, db \, d\epsilon \\ = -\dfrac{9}{2}A_2\rho^2\sqrt{\dfrac{K_1}{2m^5}}(\overline{\alpha^3} - 3\overline{\alpha\beta^2}) = -\dfrac{3p\rho}{2m\Gamma}(\overline{\alpha^3} - 3\overline{\alpha\beta^2}). \end{cases}$$

등호는 모든 3차의 구면함수에 대하여 적용된다. 일반적으로,

$$\text{(231)} \quad B_5[p^{(3)}(\alpha,\beta,\gamma)] = -\frac{3p\rho}{2m\Gamma}\overline{p^{(3)}(\alpha,\beta,\gamma)}.$$

3차 구면함수의 완화시간의 역수는 따라서

$$\frac{3}{2}\frac{p}{\Gamma}$$

이다.

α,β,γ에 대한 모든 3차 함수는 3차 구면함수와 상수를 곱한 함수들 $\alpha(\alpha^2+\beta^2+\gamma^2)$, $\beta(\alpha^2+\beta^2+\gamma^2)$, $\gamma(\alpha^2+\beta^2+\gamma^2)$의 합으로 나타낼 수 있다. 이 세 개의 함수들은 3차 구면함수에 $(\alpha^2+\beta^2+\gamma^2)$ 을 곱한 것이다. 이제 이 세 함수들의 완화시간을 구하고자 한다.

$$2[\alpha'(\alpha'^2+\beta'^2+\gamma'^2)+\alpha_1'(\alpha_1'^2+\beta_1'^2+\gamma_1'^2)-\alpha(\alpha^2+\beta^2+\gamma^2)$$
$$-\alpha_1(\alpha_1^2+\beta_1^2+\gamma_1^2)]=u(p'^2-p^2)+v(p'q'-pq)+w(p'r'-pr)$$

에서 대괄호 내의 표현을 Ψ로 표기하면

$$\int_0^{2\pi}\Psi d\epsilon\equiv\left[\frac{u}{6}(2p^2-q^2-r^2)+\frac{v}{2}pq+\frac{w}{2}pr\right]3\pi(\mu^2-1).$$

$$\text{(231a)}\quad \int_0^{\infty}gb\,db\int_0^{2\pi}d\epsilon\Psi=-\frac{1}{2}\left[u(2p^2-q^2-r^2)+3vpq+3\wp pr\right]A_2\sqrt{\frac{2K_1}{m}}$$

이므로

$$\text{(232)}\quad \begin{cases} B_5[\alpha(\alpha^2+\beta^2+\gamma^2)]=\dfrac{1}{2}\displaystyle\iint\int_0^{\infty}\int_0^{2\pi}\Psi ff_1 gb\,d\omega\,d\omega_1\,db\,d\epsilon \\ =-2A_2\rho^2\sqrt{\dfrac{K_1}{2m^5}}\,(\overline{\alpha^3}+\overline{\alpha\beta^2}+\overline{\alpha\gamma^2})=-\dfrac{2p\rho}{3m\Gamma}(\overline{\alpha^3}+\overline{\alpha\beta^2}+\overline{\alpha\gamma^2}). \end{cases}$$

그러므로:

$$\text{(233)}\quad B_5[(\alpha^2+\beta^2+\gamma^2)p^{(1)}(\alpha,\beta,\gamma)]=-\frac{2p\rho}{3m\Gamma}\overline{(\alpha^2+\beta^2+\gamma^2)p^{(1)}(\alpha,\beta,\gamma)}.$$

$(\alpha^2+\beta^2+\gamma^2)$와 3차 구면함수의 곱의 완화시간의 역수는

$$\frac{2}{3}\frac{p}{\Gamma}$$

이다.

§23. 열전도. 두 번째 근사계산법

이제 방정식 (188)에서 $\theta = \alpha^3$로 놓고, 가장 차수가 큰 항들을 취하여 일정 속도로 움직이는 기체의 상태분포로부터 벗어나는 부분을 무시하면, $\overline{\alpha^3} = \overline{\beta\alpha^3} = \overline{\alpha^2\beta} = 0$이다. 이를 이용하면 방정식 (188)로부터:

$$mB_5(\alpha^3) = \frac{\partial(\rho\overline{\alpha^4})}{\partial x} - 3\overline{\alpha^2}\frac{\partial(\rho\overline{\alpha^2})}{\partial x}.$$

현재의 근사적 계산은 맥스웰 분포를 가정하여 행해지므로, (ξ, η, ζ) 대신에 (α, β, γ) 를 사용하면 방정식 (49)를 적용할 수 있다. 따라서

$$\rho\overline{\alpha^4} = 3\rho(\overline{\alpha^2})^2 = 3\frac{p^2}{\rho}, \ \rho\overline{\alpha^2} = p.$$

그러므로

$$mB_5(\alpha^3) = 3p\frac{\partial\left(\frac{p}{\rho}\right)}{\partial x}.$$

$\theta = \alpha\beta^2$으로 놓으면, 동일한 근사를 사용

$$mB_5(\alpha\beta^2) = \frac{\partial(\rho\overline{\alpha^2\beta^2})}{\partial x} - \overline{\beta^2}\frac{\partial(\rho\overline{\alpha^2})}{\partial x}.$$

여기에서

$$\overline{\alpha^2\beta^2} = \overline{\alpha^2}\ \overline{\beta^2} = \frac{p^2}{\rho^2}$$

이므로,

$$mB_5(\alpha\beta^2) = p\frac{\partial\left(\frac{p}{\rho}\right)}{\partial x}.$$

마찬가지로

$$mB_5(\alpha^3 - 3\alpha\beta^2) = 0$$

$$mB_5(\alpha^3 + \alpha\beta^2 + \alpha\gamma^2) = 5p\frac{\partial\left(\frac{p}{\rho}\right)}{\partial x}$$

이며, 방정식 (230), (232)에 따르면:

$$(234)\qquad \begin{cases} \overline{\alpha^3} - 3\overline{\alpha\beta^2} = \overline{\alpha^3} - 3\overline{\alpha\gamma^2} = 0 \\ \rho(\overline{\alpha^3} + \overline{\alpha\beta^2} + \overline{\alpha\gamma^2}) = -\dfrac{15\Gamma}{2}\dfrac{\partial\left(\frac{p}{\rho}\right)}{\partial x}. \end{cases}$$

따라서

$$(235)\qquad \begin{cases} \overline{\alpha^3} = -\dfrac{9}{2}\dfrac{\Gamma}{\rho}\dfrac{\partial\left(\frac{p}{\rho}\right)}{\partial x}, \overline{\alpha\beta^2} = \overline{\alpha\gamma^2} = -\dfrac{3}{2}\dfrac{\Gamma}{\rho}\dfrac{\partial\left(\frac{p}{\rho}\right)}{\partial x}; \\ \overline{\beta^3} = -\dfrac{9}{2}\dfrac{\Gamma}{\rho}\dfrac{\partial\left(\frac{p}{\rho}\right)}{\partial y}, \overline{\alpha^2\beta} = \overline{\beta\gamma^2} = -\dfrac{3}{2}\dfrac{\Gamma}{\rho}\dfrac{\partial\left(\frac{p}{\rho}\right)}{\partial y} \\ \overline{\gamma^3} = -\dfrac{9}{2}\dfrac{\Gamma}{\rho}\dfrac{\partial\left(\frac{p}{\rho}\right)}{\partial z}, \overline{\alpha\gamma^2} = \overline{\beta\gamma^2} = -\dfrac{3}{2}\dfrac{\Gamma}{\rho}\dfrac{\partial\left(\frac{p}{\rho}\right)}{\partial z}. \end{cases}$$

이 값들은 방정식 (189), (190)의 지금까지보다 한 단계 더 나은 근사해를 구하는 데 사용될 수 있다.

그 다음에는 y, z-축에 대한 방정식을 (189)에 더하면 $B_5(\alpha^2) + B_5(\beta^2) + B_5(\gamma^2) = 0$을 얻는다. 방정식 (234)와 그것의 순열로부터 얻어지는 두 개의 방정식 및 연속방정식 (184)를 사용하고, 방정식 (220)에서 주어진 값 $\rho\overline{\alpha^2} = X_x$, $\rho\overline{\alpha\beta} = X_y$ 등을 치환하면:

(236)

$$\left\{\begin{aligned}&\frac{3\rho}{2}\frac{d\left(\frac{p}{\rho}\right)}{dt} = \frac{p}{\rho}\frac{d\rho}{dt} + \frac{15}{4}\left[\frac{\partial}{\partial x}\left(\Gamma\frac{\partial\left(\frac{p}{\rho}\right)}{\partial x}\right) + \frac{\partial}{\partial y}\left(\Gamma\frac{\partial\left(\frac{p}{\rho}\right)}{\partial y}\right)\right.\\&\left.+\frac{\partial}{\partial z}\left(\Gamma\frac{\partial\left(\frac{p}{\rho}\right)}{\partial z}\right)\right] + \Gamma\left[2\left(\frac{\partial u}{\partial x}\right)^2 + 2\left(\frac{\partial v}{\partial y}\right)^2 + 2\left(\frac{\partial w}{\partial z}\right)^2\right.\\&\left.-\frac{2}{3}\left(\frac{\partial u}{\partial x} + \frac{\partial v}{\partial y} + \frac{\partial w}{\partial z}\right)^2 + \left(\frac{\partial v}{\partial z} + \frac{\partial w}{\partial y}\right)^2 + \left(\frac{\partial u}{\partial z} + \frac{\partial w}{\partial x}\right)^2 + \left(\frac{\partial u}{\partial y} + \frac{\partial v}{\partial x}\right)^2\right].\end{aligned}\right.$$

여기에서 $\frac{3p}{\rho} = \overline{\alpha^2} + \overline{\beta^2} + \overline{\gamma^2}$은 부피요소 do 내 분자의 열운동, 즉 기체의 (속도성분이 u, v, w 인) 가시적 운동에 대한 상대운동의 근평균속도이다. ρdo는 do 내 모든 분자들의 질량이다. 따라서

$$\frac{3}{2}\rho do\frac{d\left(\frac{p}{\rho}\right)}{dt}dt$$

는 역학적 단위로 측정된 열의 증가분, 즉 시간 dt 동안 do 내 모든 분자들의 열운동의 운동에너지 증가분이다. 그러나 이 경우에 부피요소 do는 공간에 고정되어 있지 않으며, 부피요소 do 내의 모든 점들이 시간 dt 동안 속도성

분 u,v,w로 움직이도록 변형과 병진운동을 일으킨다. 이 분자들은 따라서 분자운동에 의하여 발생하는 교환을 제외한다면 do 내에 머무를 것이다. 분자운동에 의하여 공급되는 열량은 전달되는 열과 점성에 의하여 발생하는 열로서 계산에 포함될 것이다.

§8에서 우리는 시간 dt 동안 기체에 가해지는 압축일이 $-pd\Omega=-pkd(1/\rho)$임을 알았다. 우리의 경우에 $k=\rho do$이고, $d(1/\rho)=-(1/\rho^2)(d\rho/dt)dt$이므로, 방정식 (236)의 항

$$\frac{p}{\rho}\frac{d\rho}{dt}dtdo$$

는 외부압력 p에 의하여 시간 dt 동안 do에 가해진 압축열이다. 탄성체의 변형일을 같은 방식으로 다룬다면, 방정식 (236)에서 미분부호 밖의 인자 R을 포함하는 마지막 항에 $dtdo$를 곱하면, (220)에 의하여 주어지는 힘 X_x, X_y 등을 얻기 위하여 추가되는 힘에 의한 일의 총량을 얻게 된다.[60] 이 항은 따라서 점성에 의하여 생성된 열에 해당한다. 마지막에서 두 번째 항에 15/4과 $dtdo$를 곱하면 부피요소에로 전달된 열을 얻게 된다. 부피요소가 변 dx,dy,dz을 가지는 평행육면체라 하고, x축을 왼쪽에서 오른쪽으로, y축을 뒤에서 앞쪽으로, z축을 아래에서 위로, 그리고 T를 온도, $\mathfrak{I}$를 열전달계수라 하면(이미 근사적으로는 실험적으로 확인된) 푸리에의 열전달이론에 의하여

$$\mathfrak{I}\frac{\partial T}{\partial x}dydzdt, \mathfrak{I}\frac{\partial T}{\partial y}dxdzdt, \mathfrak{I}\frac{\partial T}{\partial z}dxdydt$$

는 각각 평행육면체의 왼쪽 면, 뒤쪽 및 아래쪽을 통하여 빠져나가는 열량이며,

60) Kirchhoff, *Vorlesungen über die Theorie der Wärme*(Teubner, 1894), p. 118 참조.

$$\left[\mathfrak{I}\frac{\partial T}{\partial x}+\frac{\partial}{\partial x}\left(\mathfrak{I}\frac{\partial T}{\partial x}\right)dx\right]dydzdt,$$

$$\left[\mathfrak{I}\frac{\partial T}{\partial y}+\frac{\partial}{\partial y}\left(\mathfrak{I}\frac{\partial T}{\partial y}\right)dy\right]dxdzdt,$$

$$\left[\mathfrak{I}\frac{\partial T}{\partial z}+\frac{\partial}{\partial z}\left(\mathfrak{I}\frac{\partial T}{\partial z}\right)dz\right]dxdydt$$

는 각각 반대쪽 면으로 들어오는 열량이다. 시간 dt 동안 평행육면체 do 내로 들어오는 열량의 순증가분은 따라서

$$\left[\frac{\partial}{\partial x}\left(\mathfrak{I}\frac{\partial T}{\partial x}\right)+\frac{\partial}{\partial y}\left(\mathfrak{I}\frac{\partial T}{\partial y}\right)+\frac{\partial}{\partial z}\left(\mathfrak{I}\frac{\partial T}{\partial z}\right)\right]do\,dt \tag{237}$$

이다.

방정식 (236)에서 15/4로 곱해진 항은 작으므로 이것의 고차항들을 무시하여 u,v,w가 일정한 것으로 하고, (α,β,γ) 는 맥스웰 분포에 따르는 것으로 한다. 그 내부상태는 그러면 오직 (α,β,γ) 에 의하여 결정되므로, §7과 §8의 공식들을 마치 기체가 정지된 것처럼 취급하여 적용할 수 있다. 우리의 기체에 대한 기체상수가 r, 정상기체의 기체상수가 R, 정상기체의 질량이 m/μ라 하면, 방정식 (52)에 의하여

$$\frac{p}{\rho}=rT=\frac{R}{\mu}T.$$

따라서 방정식 (236)에서 15/4로 곱해진 항에 $dtdo$를 곱하면:

$$\frac{15}{4}\frac{R}{\mu}\left[\frac{\partial}{\partial x}\left(\Gamma\frac{\partial T}{\partial x}\right)+\frac{\partial}{\partial y}\left(\Gamma\frac{\partial T}{\partial y}\right)+\frac{\partial}{\partial z}\left(\Gamma\frac{\partial T}{\partial z}\right)\right]do\,dt$$

를 얻는다.

이것은

(238) $$\mathfrak{I} = \frac{15}{4}\frac{R\Gamma}{\mu}$$

로 놓으면 경험적 관계 (237)과 정확히 일치한다.

이 관계들을 사용된 열의 단위에 무관하게 만들기 위하여 R 대신에 비열을 사용한다. 분자 내 운동이 없다고 가정하므로, 방정식 (236)의 β는 0이다; 그러면:

$$\gamma_v = \frac{3R}{2\mu}$$

이므로[61)]

(239) $$\mathfrak{I} = \frac{5}{2}\gamma_v \Gamma.$$

이 값은 방정식 (93)의 값의 5/2배인데, 실험값보다 훨씬 크다. 이 경우에 $\mathfrak{I}$ 값이 실험치와 정량적으로 일치하기를 기대하기는 어려운데, 이는 여기에서 사용한 가정(예를 들면 $\beta=0$)이 실제로는 만족될 수 없기 때문이다. R, μ, γ_v는 상수이고, $\mathfrak{I}$는 Γ와 마찬가지로 온도와 압력에 의존한다.

이제 소위 '설명적 이론'이라고 불리는 이론에 의하여 수용되는 모든 수식들을 얻었는데, 한 가지 차이는 점성을 나타내는 항들의 계수가 설명적 이론에서는 임의적이지만 여기에서는 특정한 값을 갖는다. 설명적 이론에서 $(p-X_x)(3/2\Gamma)$은

$$3\frac{\partial u}{\partial x} - \epsilon\left(\frac{\partial u}{\partial x} + \frac{\partial v}{\partial y} + \frac{\partial w}{\partial z}\right)$$

61) 계산의 오류로 인하여 맥스웰[Phil. Mag. [4] **35**, 216(1868), Scient. Pap. 2, 77, 방정식 (149)]은 이 $\mathfrak{I}$ 값의 $\frac{3}{2}$ 을 얻었는데, 나는 이를 [Wien. Ber. **66**, 332(1872)]에서 지적하였다. 푸앵카레도 같은 점을 지적했다.[C. R. Paris, **116**, 1020(1893)]

이며, 또한

$$3\frac{\partial u}{\partial x}-\left(\frac{\partial u}{\partial x}+\frac{\partial v}{\partial y}+\frac{\partial w}{\partial z}\right)$$

와도 같다. 따라서 설명적 이론에서는 $(X_x - p)$ 에 대한 식에서, 압축에 독립적인 식

$$\frac{\partial u}{\partial x}+\frac{\partial v}{\partial y}+\frac{\partial w}{\partial z}$$

이 $\partial u/\partial x$ 의 계수에 독립적인 계수로 곱해지는 반면, 우리의 이론에서는 $\partial u/\partial x$ 의 계수가 정확히 세 배이다. 이것은 Y_y, Z_z 에 대해서도 마찬가지이다. 이 계수는 사실 (설명적 이론에서와 마찬가지로) Y_z 에 대한 식에서

$$\frac{\partial w}{\partial y}+\frac{\partial v}{\partial z}$$

의 계수의 두 배인데, 실험적으로 측정가능한 점성계수의 두 배이다.

우리의 이론의 관점에서 보자면, 이 모든 관계식들은 근사적이다. 근사를 더 이상 진행하는 것은 어렵지 않은데, 좀 더 고도의 근사를 행한다고 하여 그 결과가 실험의 모든 부분에 일치한다는 것을 보장할 수는 없지만, 실험이 행하여지기 전에 하나의 유용한 지침이 될 수는 있겠다. 실험으로 이 관계들을 시험해보는 것은 어렵지만, 전혀 불가능한 것은 아니고, 그러한 작업은 구식의 유체역학 방정식을 넘어서는 새로운 사실들을 가르쳐줄 수도 있을 것이다. 이러한 근사가 어떻게 행해지는지를 간략하게 보이기 위하여, 우리가 얻은 값들을 방정식 (189)와 (190)에 치환해보자. 방정식 (214, 235, 220, 52, 238)에 의하여

$$(239a)\begin{cases} X_y = \rho\overline{\alpha\beta} = -\dfrac{\Gamma}{p}\Big[\rho\dfrac{d\overline{\alpha\beta}}{dt} + X_y\dfrac{\partial u}{\partial x} + Y_y\dfrac{\partial u}{\partial y} + Y_z\dfrac{\partial u}{\partial z} \\ \qquad + X_x\dfrac{\partial v}{\partial x} + X_y\dfrac{\partial v}{\partial y} + X_z\dfrac{\partial v}{\partial z} \\ \qquad -\dfrac{2}{5}\dfrac{\partial}{\partial x}\left(\Im\dfrac{\partial T}{\partial y}\right) - \dfrac{2}{5}\dfrac{\partial}{\partial y}\left(\Im\dfrac{\partial T}{\partial x}\right) + \dfrac{\partial(\rho\overline{\alpha\beta\gamma})}{\partial z}. \end{cases}$$

방정식 (189)에 $\theta = \alpha\beta\gamma$을 치환하면, 현재의 근사 수준에서는 0이 되는 항들만을 얻게 된다. 따라서

$$mB_5(\alpha\beta\gamma) = -\frac{3p}{2\Gamma}\rho\overline{\alpha\beta\gamma} = 0$$

이며, 또한

$$\frac{\partial(\rho\overline{\alpha\beta\gamma})}{\partial z} = 0.$$

X_x, X_y를 구하기 위해서는 방정식 (220)의 우변 값들을 치환해야 한다. 또한, (218a)에 의하면,

$$\frac{d\overline{\alpha\beta}}{dt} = -\frac{d}{dt}\left[\frac{\Gamma}{\rho}\left(\frac{\partial v}{\partial x} + \frac{\partial u}{\partial y}\right)\right]$$

이고, 가장 큰 항들만을 사용하기 때문에,

$$\frac{d\overline{\alpha\beta}}{dt} = -\frac{\Gamma}{\rho}\left(\frac{\partial v}{\partial x} + \frac{\partial u}{\partial y}\right)\left(\frac{\partial u}{\partial x} + \frac{\partial v}{\partial y} + \frac{\partial w}{\partial z}\right)$$
$$+\frac{\Gamma}{\rho}\frac{\partial}{\partial x}\left(\frac{1}{\rho}\frac{\partial p}{\partial y} - X\right) + \frac{\Gamma}{\rho}\frac{\partial}{\partial y}\left(\frac{1}{\rho}\frac{\partial p}{\partial x} - Y\right) - \frac{1}{\rho}\left(\frac{\partial v}{\partial x} + \frac{\partial u}{\partial y}\right)\frac{d\Gamma}{dt}.$$

X_x, X_z도 마찬가지로 계산할 수 있다. 여기에서 얻어지는 수식들은 매우 복잡하여, 대륙의 물리학자들이 맥스웰의 전기이론을 처음 접했을 때처럼

기이하게 보일 수도 있겠다. 그러나 이 방정식들에 등장하는 많은 항들이 차후에 중요한 역할을 할지 누가 알겠는가? 여기에서 우리는 이미 맥스웰에 의하여 논의된 특수한 경우 하나만을 생각해보자. 1. 기체의 전체적인 운동이나 기체에 작용하는 외부력이 없어서, $u=v=w=X=Y=Z=0$이라 하자. 2. 열의 흐름이 일어난다고 하자. 이 경우에 시간에 대한 도함수는 0이 되며, 방정식 (239a)에 의하면

$$X_y = Y_x = \frac{2}{5}\frac{\Gamma}{p}\left[\frac{\partial}{\partial x}\left(\mathfrak{I}\frac{\partial T}{\partial y}\right)+\frac{\partial}{\partial y}\left(\mathfrak{I}\frac{\partial T}{\partial x}\right)\right].$$

이 특수한 예에서 방정식 (189)에 의하면:

$$Y_y + Z_z - 2X_x = \frac{3\Gamma}{p}\left[\frac{\partial\rho\overline{\alpha^3}}{\partial x}+\frac{\partial\rho\overline{\alpha^2\beta}}{\partial y}+\frac{\partial\rho\overline{\alpha^3\gamma}}{\partial z}\right].$$

그러므로 방정식 (235)를 고려하면,

$$2X_x - Y_y - Z_z = \frac{6\Gamma}{5p}\left[3\frac{\partial}{\partial x}\left(\mathfrak{I}\frac{\partial T}{\partial x}\right)+\frac{\partial}{\partial y}\left(\mathfrak{I}\frac{\partial T}{\partial y}\right)+\frac{\partial}{\partial z}\left(\mathfrak{I}\frac{\partial T}{\partial z}\right)\right]$$

이고, $X_x + Y_y + Z_z = 3p$ 이므로

$$X_x = p + \frac{2\Gamma}{5p}\left[3\frac{\partial}{\partial x}\left(\mathfrak{I}\frac{\partial T}{\partial x}\right)+\frac{\partial}{\partial y}\left(\mathfrak{I}\frac{\partial T}{\partial y}\right)+\frac{\partial}{\partial z}\left(\mathfrak{I}\frac{\partial T}{\partial z}\right)\right] = p + \frac{4\Gamma}{5}\frac{\partial}{\partial x}\left(\mathfrak{I}\frac{\partial T}{\partial x}\right).$$

정상상태의 열이동에 있어서

$$\frac{\partial}{\partial x}\left(\mathfrak{I}\frac{\partial T}{\partial x}\right)+\frac{\partial}{\partial y}\left(\mathfrak{I}\frac{\partial T}{\partial y}\right)+\frac{\partial}{\partial z}\left(\mathfrak{I}\frac{\partial T}{\partial z}\right)=0$$

이므로, 이 경우에는 또한

$$\frac{\partial X_x}{\partial x}+\frac{\partial Y_x}{\partial y}+\frac{\partial Z_x}{\partial z}=0$$

이므로, 기체 내벽의 부피요소들은 평형상태에 있게 된다. 그러나 (이미 인용한 키르히호프의 열이론 강의의 마지막 쪽을 참조; 키르히호프는 구식 열전달이론에 대하여 다른 견해를 밝힌바, 그의 견해가 옳다.) 정상상태의 열전달에서 압력이 모든 위치에서 같다는 전통적인 생각은 옳지 않음이 밝혀졌다. 압력은 위치마다 다를 수 있으며, 표면에 수직한 것도 아니다.

따라서 만약 고체가 열을 전달하는 기체로 완벽하게 둘러싸여 있다면, 압력은 위치마다 다르므로 기체는 이동하기 시작할 것이다. 맥스웰은 복사계 현상이 이 효과에 의한 것이라 하였는데, 이것은 전적으로 옳다. 또한, 고체 벽에 접하는 기체는 벽이 기체에 접선방향의 힘을 가할 수 없다면 정지해 있을 수 없다. 기체 내부의 압력 차이에 의하여 발생하는 이 운동은 중력의 작용으로 온도 차이에 의한 밀도의 차이로 발생하는 것과 혼동되지 말아야 할 것이다. 밀도의 차이에 의한 운동의 축은 수직방향이므로 복사계 현상에서 아무런 역할을 하지 못한다. 우리의 경우에는 $X=Y=Z=0$으로 하였으므로, 위에서 유도된 수식들은 밀도 차이에 의한 운동에는 적용될 수 없다.

지금까지 우리는 맥스웰이 고안하고 키르히호프 등에 의하여 적용된 정교한 방법을 따랐다. 이 방법에 의하면 속도분포함수 $f(x,y,z,\xi,\eta,\zeta,t)$를 계산할 필요가 없었다. 반면, 이 함수를 계산하는 다른 방법도 있다. 엔트로피를 구하기 위해서는 이 함수 f를 알아야 하므로, 이 방법을 사용하지는 않지만 간단하게 언급하겠다.

이 방법의 출발점은 방정식 (114)인데, 우리는 한 가지의 기체만이 존재하는 경우를 다루기 때문에, 마지막에서 두 번째 항은0이 된다. 전에 사용했던 상수들 a,h,u,v,w 대신에

$$e^a, \frac{k}{m}, u_0, v_0, w_0$$

를 사용하면,

$$f = e^{a-k[(\xi-u_0)^2+(\eta-v_0)^2+(\zeta-w_0)^2]} \tag{240}$$

으로 놓으면, a, k, u_0, v_0, w_0가 상수인 경우에는 방정식들이 만족될 수 있음을 알 수 있다. u_0, v_0, w_0은 기체의 전체적 운동의 속도성분들이다.

a, k, u_0, v_0, w_0가 x, y, z, t 의 함수라고 하자; a, k, u_0, v_0, w_0의 변화(즉, x, y, z, t 에 대한 도함수)는 작은 것으로 간주하여, 방정식 (114)를 만족하기 위하여 (240)에 작은 수정항을 더하면 된다고 하자. 이 수정항을 멱급수의 형태로 나타낼 것이다. a, k, u_0, v_0, w_0는 임의적이므로, 멱급수에 나타나는, ξ, η, ζ로 곱해지는 항들이 0이 되도록, 일반성을 잃지 않도록 a, k, u_0, v_0, w_0의 값들을 선택할 수 있다. 또한, ξ^2, η^2, ζ^2의 계수들을 선택하여 그 합이 0이 되도록 할 수도 있다. 새로운 변수

$$\alpha_0 = \xi - u_0, \beta_0 = \eta - v_0, \gamma_0 = \zeta - w_0 \tag{241}$$

를 정의하고,

$$\begin{cases} f = f^{(0)}(1 + b_{11}\alpha_0^2 + b_{22}\beta_0^2 + b_{33}\gamma_0^2 + b_{12}\alpha_0\beta_0 + b_{13}\alpha_0\gamma_0 \\ \qquad + b_{23}\beta_0\gamma_0 + c_1\alpha_0 c_0^2 + c_2\beta_0 c_0^2 + c_3\gamma_0 c_0^2), \end{cases} \tag{242}$$

$$f^{(0)} = e^{a-k(\alpha_0^2+\beta_0^2+\gamma_0^2)}, \tag{243}$$

$$b_{11} + b_{22} + b_{33} = 0 \tag{244}$$

으로 하자. 방정식 (114)의 좌변은

$$\imath = \frac{\partial f}{\partial t} + (\alpha_0 + u_0)\frac{\partial f}{\partial x} + (\beta_0 + v_0)\frac{\partial f}{\partial y} + (\gamma_0 + w_0)\frac{\partial f}{\partial z}$$
$$+ X\frac{\partial f}{\partial \alpha_0} + Y\frac{\partial f}{\partial \beta_0} + Z\frac{\partial f}{\partial \gamma_0}$$

으로 변환된다. 모든 미분들은 작으므로, f를 $f^{(0)}$로 치환해도 된다. $c_0^2 = \alpha_0^2 + \beta_0^2 + \gamma_0^2$, $d_0/dt = \partial/\partial t + u_0\partial/\partial x + v_0\partial/\partial y + w_0\partial/\partial z$라 하면:

$$(245)\quad \frac{1}{f^{(0)}}\imath = \frac{d_0 a}{\partial t} - c_0^2\frac{d_0 k}{\partial t}$$
$$+\left(\alpha_0\left[\frac{\partial a}{\partial x} + 2k\left(\frac{d_0 u_0}{\partial t} - X\right)\right] + \beta_0\left[\frac{\partial a}{\partial y} + 2k\left(\frac{d_0 v_0}{\partial t} - Y\right)\right]\right.$$
$$+\gamma_0\left[\frac{\partial a}{\partial z} + 2k\left(\frac{d_0 w_0}{dt} - Z\right)\right] + 2k\left[\alpha_0^2\frac{\partial u_0}{\partial x} + \beta_0^2\frac{\partial v_0}{\partial y} + \gamma_0^2\frac{\partial w_0}{\partial z}\right.$$
$$+\beta_0\gamma_0\left(\frac{\partial v_0}{\partial z} + \frac{\partial w_0}{\partial y}\right) + \alpha_0\gamma_0\left(\frac{\partial w_0}{\partial x} + \frac{\partial u_0}{\partial z}\right)$$
$$\left.\left.+\alpha_0\beta_0\left(\frac{\partial u_0}{\partial y} + \frac{\partial v_0}{\partial x}\right)\right]\right] - c_0^2\left(\alpha_0\frac{\partial k}{\partial x} + \beta_0\frac{\partial k}{\partial y} + \gamma_0\frac{\partial k}{\partial z}\right).$$

계수 b가 작아서 b의 곱과 제곱을 무시할 수 있다면 방정식 (114)의 우변은

$$\wp = \int\int_0^\infty\int_0^{2\pi} f^{(0)} f_1^{(0)}\, d\omega_1 g\, bdbd\epsilon$$
$$[b_{11}(\alpha'^2 + \alpha_1'^2 - \alpha^2 - \alpha_1^2) + b_{22}(\beta'^2 + \beta_1'^2 - \beta^2 - \beta_1^2)\cdots].$$

너무 많은 첨자가 쌓이는 것을 방지하기 위해 방정식 (246) 이전까지 α, β, γ로부터 첨자 0을 삭제하여, ξ, η, ζ로부터 u_0, v_0, w_0를 뺀 양이라는 사실을 명시하지 않도록 하자. $f^{(0)}$와 $f_1^{(0)}$에서, ξ, η, ζ로부터 빼는 것은 u, v, w가 아니라 u_0, v_0, w_0이므로:

$$U=\int_0^\infty g\,b\,db\int_0^{2\pi} d\epsilon\,[(\alpha'\beta'+\alpha_1'\beta_1'-\alpha\beta-\alpha_1\beta_1)$$

$$=-3A_2\sqrt{\frac{K_1}{2m}}\,(\alpha\beta-\alpha\beta_1-\alpha_1\beta+\alpha_1\beta_1).$$

따라서:

$$\int f_1^{(0)}d\omega_1 U=-3A_2\sqrt{\frac{K_1}{2m^3}}\,\rho\alpha\beta.$$

마찬가지의 결과를 $\alpha\gamma, \beta\gamma$에 대해서도 얻을 수 있다.

$$\int \alpha_1^2 f_1^{(0)}d\omega_1=\int \beta_1^2 f_1^{(0)}d\omega_1=\int \gamma_1^2 f_1^{(0)}d\omega_1,\ \ b_{11}+b_{22}+b_{33}=0$$

이므로, $(b_{11}\alpha^2+b_{22}\beta^2+b_{33}\gamma^2)$은 2차 구면함수들의 합으로 나타낼 수 있으며,

$$\int\int_0^\infty\int_0^{2\pi} f_1^{(0)}g\,b\,d\omega_1\,db\,d\epsilon\,(b_{11}X+b_{22}Y+b_{33}Z)$$

$$=-\frac{3}{2}A_2\rho\sqrt{\frac{2K_1}{m^3}}\,(b_{11}\alpha^2+b_{22}\beta^2+b_{33}\gamma^2)$$

이며, $X=\alpha'^2+\alpha_1'^2-\alpha^2+\alpha_1^2$이고, Y, Z도 마찬가지로 정의된다.

$$X_1=\alpha'c'^2+\alpha_1'c_1'^2-\alpha c^2-\alpha_1c_1^2$$

$$Y_1=\beta'c'^2+\beta_1'c_1'^2-\beta c^2-\beta_1c_1^2$$

$$Z_1=\gamma'c'^2+\gamma_1'c_1'^2-\gamma c^2-\gamma_1c_1^2$$

으로 놓으면, 이전에 논의되었던 원리[방정식 (231a) 참조]에 의하여:

$$\int_0^\infty g\,bdb\int_0^{2\pi} d\epsilon X_1=-A_2\sqrt{\frac{K_1}{2m}}\,[2(\alpha^2-\alpha_1^2)(\alpha-\alpha_1)$$

$$-(\alpha+\alpha_1)(\beta-\beta_1)^2-(\alpha+\alpha_1)(\gamma^2-\gamma_1^2)$$

$$+3(\beta^2-\beta_1^2)(\alpha-\alpha_1)+3(\gamma^2-\gamma_1^2)(\alpha+\alpha_1)],$$

$$\int\int_0^\infty\int_0^{2\pi} f_1^{(0)} d\omega_1 g\, b\, db\, d\epsilon (c_1X_1+c_2Y_1+c_3Z_1)$$

$$=-2A_2\rho\sqrt{\frac{K_1}{2m^3}}(c_1\alpha+c_2\beta+c_3\gamma)c^2-\frac{5}{2k}(c_1\alpha+c_2\beta+c_3\gamma)$$

이며, 따라서

(246)

$$\frac{\wp}{f^{(0)}}=-3A_2\rho\sqrt{\frac{K_1}{2m^3}}\begin{Bmatrix} b_{11}\alpha_0^2+b_{22}\beta_0^2+b_{33}\gamma_0^2+b_{23}\beta_0\gamma_0+b_{13}\alpha_0\gamma_0+b_{12}\alpha_0\beta_0 \\ +\frac{2}{3}c_0^2(c_1\alpha_0+c_2\beta_0+c_3\gamma_0)-\frac{5}{3k}(c_1\alpha_0+c_2\beta_0+c_3\gamma_0) \end{Bmatrix}.$$

방정식 (114)가 만족되어야 하므로, (245), (246)은 모든 x_0, y_0, z_0의 값에 대하여 같아야 한다. x_0, y_0, z_0에 독립적인 항들도 같아야 하므로:

$$\frac{d_0 a}{dt}=0. \tag{247}$$

$b_{11}+b_{22}+b_{33}=0$ 이므로, $\alpha_0, \beta_0, \gamma_0$의 2차항들은:

$$\frac{d_0 k}{dt}+\frac{2k}{3}\left(\frac{\partial u_0}{\partial x}+\frac{\partial v_0}{\partial y}+\frac{\partial w_0}{\partial z}\right)=0,$$

$$b_{11}=\frac{2k}{9A_2\rho}\sqrt{\frac{2m^3}{K_1}}\left(\frac{\partial v_0}{\partial y}+\frac{\partial w_0}{\partial z}-2\frac{\partial u_0}{\partial x}\right),$$

$$b_{22}=\frac{2k}{9A_2\rho}\sqrt{\frac{2m^3}{K_1}}\left(\frac{\partial u_0}{\partial x}+\frac{\partial w_0}{\partial z}-2\frac{\partial v_0}{\partial y}\right),$$

$$b_{33}=\frac{2k}{9A_2\rho}\sqrt{\frac{2m^3}{K_1}}\left(\frac{\partial u_0}{\partial x}+\frac{\partial v_0}{\partial y}-2\frac{\partial w_0}{\partial z}\right),$$

$$b_{23} = -\frac{2k}{3A_2\rho}\sqrt{\frac{2m^3}{K_1}}\left(\frac{\partial v_0}{\partial z} + \frac{\partial w_0}{\partial y}\right),$$

(248)
$$b_{13} = -\frac{2k}{3A_2\rho}\sqrt{\frac{2m^3}{K_1}}\left(\frac{\partial w_0}{\partial x} + \frac{\partial u_0}{\partial z}\right),$$

$$b_{12} = -\frac{2k}{3A_2\rho}\sqrt{\frac{2m^3}{K_1}}\left(\frac{\partial u_0}{\partial y} + \frac{\partial v_0}{\partial x}\right),$$

$$c_1 = -\frac{1}{2A_2\rho}\sqrt{\frac{2m^3}{K_1}}\frac{\partial k}{\partial x},$$

$$c_2 = -\frac{1}{2A_2\rho}\sqrt{\frac{2m^3}{K_1}}\frac{\partial k}{\partial y},$$

$$c_3 = -\frac{1}{2A_2\rho}\sqrt{\frac{2m^3}{K_1}}\frac{\partial k}{\partial z}.$$

$\alpha_0, \beta_0, \gamma_0$의 1차항들을 동일하게 놓고 c_1, c_2, c_3의 값을 넣으면:

$$(249)\begin{cases} \dfrac{d_0u_0}{dt} - X + \dfrac{1}{2k}\dfrac{\partial a}{\partial x} - \dfrac{5}{4k^2}\dfrac{\partial k}{\partial x} = \dfrac{d_0v_0}{dt} - Y + \dfrac{1}{2k}\dfrac{\partial a}{\partial y} - \dfrac{5}{4k^2}\dfrac{\partial k}{\partial y} \\ \qquad = \dfrac{d_0w_0}{dt} - Z + \dfrac{1}{2k}\dfrac{\partial a}{\partial z} - \dfrac{5}{4k^2}\dfrac{\partial k}{\partial z} = 0. \end{cases}$$

$b_{11} + b_{22} + b_{33} = 0$이고, $\alpha_0, \beta_0, \gamma_0$의 홀수차항들은 적분하면 0이 되므로 ($d\omega, d\omega_0$ 대신에 $d\xi d\eta d\zeta, d\alpha_0 d\beta_0 d\gamma_0$를 사용하면):

$$\iint\int_{-\infty}^{+\infty} f d\omega = \iint\int_{-\infty}^{+\infty} f^{(0)} d\omega_0$$

이므로, 기체의 밀도에 대한 보정을 끝까지 하지 않는다면

$$\rho = m\sqrt{\frac{\pi^3}{k^3}}\, e^a$$

이며, 마찬가지로:

$$\int(\alpha_0^2+\beta_0^2+\gamma_0^2)fd\omega=\int(\alpha_0^2+\beta_0^2+\gamma_0^2)f^{(0)}d\omega_0.$$

따라서 u_0, v_0, w_0의 속도로 이동하는 점에 대한 분자운동의 근제곱평균속도는 $3/2k$이다.

한편, u_0, v_0, w_0는 부피요소 do 내 기체의 가시적 운동속도성분에 근사적으로만 같다. 실제로는 이 성분들은 $\bar{\xi}, \bar{\eta}, \bar{\zeta}$로 정의된다. $\bar{\xi}=u_0+\overline{\alpha_0}$이고,

$$\overline{\alpha_0}=\frac{\int\alpha_0 fd\omega}{\int fd\omega}=c_1\frac{\int\alpha_0^2c_0^2f^{(0)}d\omega_0}{\int f^{(0)}d\omega_0}=\frac{5c_1}{2k}.$$

기체의 가시적 운동속도 $\bar{\xi}, \bar{\eta}, \bar{\zeta}$의 정확한 성분들을 α, β, γ로 표기하면, 근사적으로

$$u=u_0+\frac{5c_1}{2k}, v=v_0+\frac{5c_2}{2k}, w=w_0+\frac{5c_3}{2k}$$

$$\alpha=\alpha_0-\frac{5c_1}{2k}, \beta=\beta_0-\frac{5c_2}{2k}, \gamma=\gamma_0-\frac{5c_3}{2k}.$$

또한,

$$p=\frac{\rho}{3}(\overline{\alpha^2}+\overline{\beta^2}+\overline{\gamma^2})=\frac{\rho}{3}\left(\overline{\alpha_0^2}+\overline{\beta_0^2}+\overline{\gamma_0^2}-\frac{25}{4}\frac{c_1^2+c_2^2+c_3^2}{k^2}\right)$$

$$=\rho\left(\frac{1}{2k}-\frac{25}{12}\frac{c_1^2+c_2^2+c_3^2}{k^2}\right).$$

따라서 근사적으로

$$u=u_0, v=v_0, w=w_0, \frac{d_0}{dt}=\frac{d}{dt}, k=\frac{\rho}{2p}=\frac{1}{2rT,}$$

$$a=\log\left(\frac{\rho}{m}\sqrt{\frac{k^3}{\pi^3}}\right)=\log\left(\frac{\rho^{5/2}p^{-3/2}}{m\sqrt{8\pi^3}}\right)=\log\left(\frac{\rho T^{-3/2}}{m\sqrt{8\pi^3r^3}}\right).$$

방정식 (247)을 따르면,

$$p\rho^{-5/2} = \text{일정, 또는 } \rho T^{-3/2} = \text{일정.}$$

이것은 푸아송의 법칙이다. 또한,

$$\frac{1}{2k} = \frac{p}{\rho},\ \frac{\partial a}{\partial x} = \frac{5}{2\rho}\frac{\partial \rho}{\partial x} - \frac{3}{2p}\frac{\partial p}{\partial x},\ \frac{1}{k}\frac{\partial k}{\partial x} = \frac{1}{\rho}\frac{\partial \rho}{\partial x} - \frac{1}{p}\frac{\partial p}{\partial x}$$

이므로,

$$\frac{1}{2k}\left(\frac{\partial a}{\partial x} - \frac{5}{2k}\frac{\partial k}{\partial x}\right) = \frac{1}{\rho}\frac{\partial \rho}{\partial x}.$$

그러므로 방정식 (249)에 의하면:

$$\frac{du}{dt} - X + \frac{1}{\rho}\frac{\partial p}{\partial x} = \frac{dv}{dt} - Y + \frac{1}{\rho}\frac{\partial p}{\partial y} = \frac{dw}{dt} - Z + \frac{\partial p}{\partial z} = 0.$$

근사를 한 단계 더 행한다면, 작은 항들을 위의 관계식에 치환하여

$$X_y = \rho\alpha\overline{\beta\gamma} = \rho\frac{\int \alpha_0\beta_0 f d\omega_0}{\int f^{(0)} d\omega_0} = \rho b_{12}\frac{\int \alpha_0^2\beta_0^2 f^{(0)} d\omega_0}{\int f^{(0)} d\omega_0} = \frac{\rho b_{12}}{4k^2} = \frac{p b_{12}}{2k}$$

$$= -\frac{p}{3A_2\rho}\sqrt{\frac{2m^3}{K_1}}\left(\frac{\partial v}{\partial z} + \frac{\partial w}{\partial y}\right) = -\Gamma\left(\frac{\partial v}{\partial z} + \frac{\partial w}{\partial y}\right).$$

방정식 (220)의 나머지 부분도 마찬가지로 구할 수 있으며, 근사의 정확도를 확대하는 것은 어렵지 않다.

§24. 방정식 (147)이 만족되지 않는 경우의 엔트로피. 확산

지금까지 우리는 방정식 (147)이 만족된다는 제한적인 가정하에서만 H를 계산했다. 이제 f가 방정식 (242)로 주어지는데, 단순한 기체에서 점성과 열전달이 일어난다는 일반적인 가정하에서 H를 계산하고자 한다. 이 경우에는

$$H = \iint f \log f \, do \, d\omega.$$

f가 방정식 (242)로 주어지므로

$$\log f = a - k(\alpha^2 + \beta^2 + \gamma^2) + A - \frac{A^2}{2}$$

로 근사할 수 있다. 여기에서 방정식 (242)의 괄호 내 수식을 $1 + A$로 표기했다.

이제 부피요소 do 내 기체의 H를 구하고자 한다. 얻어진 값에 $-$를 곱하고 do로 나누면,

$$J = -RM \int f \log f \, d\omega.$$

Jdo는 do에 담긴 기체의 엔트로피이다.

f, $\log f$에 대한 이 값들을 치환하면 우선 b, c에 대하여 독립적인 항을 얻게 된다. 이것이 동일한 열량과 동일한 공간상의 병진운동을 가진, 맥스웰 속도분포를 따르는 기체의 엔트로피(나누기 do)이다. §19에서와 마찬가지로, 이 엔트로피의 값은

$$\frac{R\rho}{\mu} \log(T^{3/2} \rho^{-1})$$

이며, 결정되어야 할 상수를 여기에 더하게 된다. 둘째로, b, c의 일차항을 얻게 되는데, 이것들은 모두 0이다.

$$\int \alpha_0^a \beta_0^b \gamma_0^c \exp\{-k(\alpha_0^2+\beta_0^2+\gamma_0^2)\} d\omega_0$$

에서 a, b, c 중 어느 하나가 홀수라면 적분값은 0이므로, $b_{12}, b_{13}, b_{23}, c_1, c_2, c_3$의 계수들은 모두 0이다. 그러나 세 개의 상수 a, b, c가 모두 짝수라면 적분값은 $\alpha_0, \beta_0, \gamma_0$에 순환순열을 적용해도 변하지 않는다. 따라서 b_{11}, b_{22}, b_{33}의 계수는 모두 같을 것이며,

$$b_{11}+b_{22}+b_{33}=0$$

이므로 그 항들의 합은 어떠한 경우에도 0일 것이다.

우리는 고차의 항들을 생략할 것이므로, J에 대한 식에는 계수 b, c의 이차항들을 결정하는 일이 남았다. 그 합은

$$J_1 = -\frac{R\rho}{2\mu}(b_{11}^2\overline{\alpha_0^4}+b_{22}^2\overline{\beta_0^4}+b_{33}^2\overline{\gamma_0^4}+2b_{11}b_{22}\overline{\alpha_0^2}\,\overline{\beta_0^2}+2b_{11}b_{33}\overline{\alpha_0^2}\,\overline{\gamma_0^2}+2b_{22}b_{33}\overline{\beta_0^2}\,\overline{\gamma_0^2}$$

$$+b_{12}^2\overline{\alpha_0^2}\,\overline{\beta_0^2}+b_{13}^2\overline{\alpha_0^2}\,\overline{\gamma_0^2}+b_{23}^2\overline{\beta_0^2}\,\overline{\gamma_0^2}+c_1^2\overline{\alpha_0^2}\,\overline{c_0^4}+c_2^2\overline{\beta_0^2}\,\overline{c_0^4}+c_3^2\overline{\gamma_0^2}\,\overline{c_0^4}).$$

방정식 (242)에 더할 다음의 항들은 아직 계산하지는 않았지만, 물론 이 항들과 비슷한 크기를 가지게 되지만, 이를 적분했을 때 0이 될 가능성도 있다. 이제:

$$\overline{\alpha_0^4}=\overline{\beta_0^4}=\overline{\gamma_0^4}=\frac{3}{4k^2}, \overline{\alpha_0^2}=\overline{\beta_0^2}=\overline{\gamma_0^2}=\frac{1}{2k}$$

이며, 또한:

$$\overline{\alpha_0^2 c_0^4}=\overline{\beta_0^2 c_0^4}=\overline{\gamma_0^2 c_0^4}=\frac{1}{3}\,\overline{c_0^6}=\frac{35}{8k^3}$$

이다.

$$\frac{1}{2k}=\frac{RT}{\mu}$$

이므로

$$J_1=-\frac{R^3T^2\rho}{2\mu^3}\begin{Bmatrix}3(b_{11}^2+b_{22}^2+b_{33}^2)+2(b_{11}b_{22}+b_{11}b_{33}+b_{22}b_{33})+(b_{12}^2+b_{13}^2+b_{23}^2) \\ +\frac{5\times7\times9}{16}\frac{\Gamma^2\mu}{Rp^2T^3}\left[\left(\frac{\partial T}{\partial x}\right)^2+\left(\frac{\partial T}{\partial y}\right)^2+\left(\frac{\partial T}{\partial z}\right)^2\right]\end{Bmatrix}$$

의 값을 치환하고,

$$\theta=\left(\frac{\partial u}{\partial x}+\frac{\partial v}{\partial y}+\frac{\partial w}{\partial z}\right)$$

로 하면, 부피요소 do 내 기체의 총엔트로피는:

(250)

$$\begin{aligned}Jdo=&\frac{R\rho do}{2\mu}\log(T^{3/2}\rho^{-1})-\frac{4\Gamma^2R^3T^2\rho do}{p^2\mu^3}\times \\ &\left[2\left(\frac{\partial u}{\partial x}-\frac{1}{3}\theta\right)^2+2\left(\frac{\partial v}{\partial y}-\frac{1}{3}\theta\right)^2+2\left(\frac{\partial w}{\partial z}-\frac{1}{3}\theta\right)^2+\left(\frac{\partial v}{\partial z}+\frac{\partial w}{\partial y}\right)^2\right. \\ &+\left(\frac{\partial w}{\partial x}+\frac{\partial u}{\partial z}\right)^2+\left(\frac{\partial v}{\partial x}+\frac{\partial u}{\partial y}\right)^2+\frac{5\times7\times9}{64}\frac{\mu}{RT^3} \\ &\left.\left[\left(\frac{\partial T}{\partial x}\right)^2+\left(\frac{\partial T}{\partial y}\right)^2+\left(\frac{\partial T}{\partial z}\right)^2\right]\right] \\ =&\frac{R\rho do}{2\mu}\log(T^{3/2}\rho^{-1})-\frac{4\Gamma^2R^3T^2\rho do}{p^2\mu^3}\left[2\left[\left(\frac{\partial u}{\partial x}\right)^2+\left(\frac{\partial v}{\partial y}\right)^2+\left(\frac{\partial w}{\partial z}\right)^2\right]\right. \\ &-\frac{2}{3}\left(\frac{\partial u}{\partial x}+\frac{\partial v}{\partial y}+\frac{\partial w}{\partial z}\right)^2+\left(\frac{\partial v}{\partial z}+\frac{\partial w}{\partial y}\right)^2+\left(\frac{\partial w}{\partial x}+\frac{\partial u}{\partial z}\right)^2 \\ &\left.+\left(\frac{\partial u}{\partial y}+\frac{\partial v}{\partial x}\right)^2+\frac{5\times7\times9}{64}\frac{\mu}{RT^3}\left[\left(\frac{\partial T}{\partial x}\right)^2+\left(\frac{\partial T}{\partial y}\right)^2+\left(\frac{\partial T}{\partial z}\right)^2\right]\right].\end{aligned}$$

x_0, y_0, z_0에 대한 u_0, v_0, w_0의 도함수를 포함하는 모든 항들의 합은 랠리 경이 점성의 소실함수(dissipation function)라 부른 것이며, 마지막 세 항의 합은 라디슬라우 나탄슨이 열전달의 소실함수(dissipation function)라 부른 것이다.

에너지학파에서는 서로 다른 형태의 에너지가 질적으로 다르다고 주장한다. 이들에게는 운동에너지와 열의 중간에 해당하는 에너지가 기이하게 보일 것이다. 따라서 이들은 물체 내 여러 에너지들의 성질의 중첩원리를 자주 인용하는데, 이 원리는 어느 정도 에너지의 형태들이 분리될 수 있는 정적인 상태 및 완전정상상태의 가시적 운동에만 적용된다. 반면 위의 방정식이 옳다면 점성과 열전달이 작용할 때 기체의 엔트로피는, 소실이 없을 때의 엔트로피와 다르다. 따라서 말하자면 절반은 운동에너지이고 절반은 열운동으로 변환된 운동에너지를 다루어야 하는데, 엔트로피의 표현에서 이러한 형태의 에너지를 정적 현상에서는 기대할 수 없다. 완전탄성의 물체를 외부력에 의하여 변형하면, 투입된 모든 에너지를 이 물체가 초기상태로 돌아올 때에 일의 형태로 돌려받게 된다. 외부력에 의하여 기체의 점성을 생성하면 가해진 일은 열에너지로 변환된다. 외부력을 제거한 후에 이 변환은 완화시간보다 훨씬 긴 시간 후에 완결된다. 외부력이 작용하는 동안에는 각 순간의 엔트로피가, 가시적 운동으로부터 손실된 에너지가 모두 열로 변환된 경우보다 다소 작을 것으로 예측된다. 대신에 이 에너지는 일반적인 열과 가시적 에너지 사이의 중간 형태로 있고, 맥스웰 속도분포가 정확하게 적용되지 않으므로, 그 에너지의 일부는 여전히 일로 변환될 수 있다. 순전히 역학적 모형에 의한, 소실에너지에 대한 이러한 설명은 특히 놀라운 것이다.

이제 두 가지 종류의 기체가 존재한다고 하자. m이 첫 번째 기체의 질량,

m_1은 두 번째 기체의 질량이라 하자. 부피요소 내 모든 첫 번째 기체분자들의 속도성분 ξ의 평균값 u를 첫 번째 기체의 총속도의 x-성분이라 하자. 이것은 부피요소 내의 다른 종류의 기체의 속도성분 ξ_1의 평균값 u_1과 같을 필요가 없다. u_1은 부피요소 do 내 두 번째 기체의 총운동의 x-성분이다. v, w, v_1, w_1도 마찬가지 의미를 가진다. ρ, ρ_1을 두 종류의 기체의 부분밀도—즉, (첫 번째 기체의 총질량/부피 do), (두 번째 기체의 총질량/부피 do)—라 하고, p, p_1은 분압—즉, 다른 종류의기체가 존재하지 않을 때에 단위면적에 작용하는 압력— 이라 하자. $P = p + p_1$은 총압력이다. 마지막으로, 각 종류의 분자의 속도성분에서 각 기체의 총속도성분을 뺀 부분을 $(\alpha, \beta, \gamma), (\alpha_1, \beta_1, \gamma_1)$라 하자:

$$\xi = u + \alpha, \eta = v + \beta, \zeta = w + \gamma,$$

$$\xi_1 = u_1 + \alpha_1, \eta_1 = v_1 + \beta_1, \zeta_1 = w_1 + \gamma_1.$$

이 경우에, 각 종류의 기체에 연속방정식이 적용되며, 이는 한 가지의 기체만이 존재한다는 가정 이전에 이미 증명했다. 따라서:

$$(251) \qquad \begin{cases} \dfrac{d\rho}{dt} + \dfrac{\partial(\rho u)}{\partial x} + \dfrac{\partial(\rho v)}{\partial y} + \dfrac{\partial(\rho w)}{\partial z} = 0 \\[2ex] \dfrac{d\rho_1}{dt} + \dfrac{\partial(\rho_1 u_1)}{\partial x} + \dfrac{\partial(\rho_1 v_1)}{\partial y} + \dfrac{\partial(\rho_1 w_1)}{\partial z} = 0. \end{cases}$$

이제 부피요소 내에서 시간 dt 동안에 첫 번째 기체가 속도성분 u, v, w로 이동한다고 하자. 부피요소 내 시간 t의 어떤 위치에서의 임의의 함수 Φ의 값과, 시간 $t + dt$의 새로운 위치에서의 값의 차이를 dt로 나누어 이를 $d\Phi/dt$로 표기하면:

$$\frac{d\Phi}{dt}=\frac{\partial\Phi}{\partial t}+u\frac{\partial\Phi}{\partial x}+v\frac{\partial\Phi}{\partial y}+w\frac{\partial\Phi}{\partial z}.$$

마찬가지로 두 번째 기체에 대하여:

$$\frac{d_1\Phi}{dt}=\frac{\partial\Phi}{\partial t}+u_1\frac{\partial\Phi}{\partial x}+v_1\frac{\partial\Phi}{\partial y}+w_1\frac{\partial\Phi}{\partial z}.$$

마지막 방정식을 유도할 때에 부피요소가 u_1, v_1, w_1의 속도성분으로 이동한다고 가정했다. 두 연속방정식을 또한:

$$(252)\qquad \begin{cases} \dfrac{d\rho}{dt}+\rho\left(\dfrac{\partial u}{\partial x}+\dfrac{\partial v}{\partial y}+\dfrac{\partial w}{\partial z}\right)=0 \\ \dfrac{d_1\rho_1}{dt}+\rho_1\left(\dfrac{\partial u_1}{\partial x}+\dfrac{\partial v_1}{\partial y}+\dfrac{\partial w_1}{\partial z}\right)=0 \end{cases}$$

으로 나타낼 수도 있다.

맥스웰 속도분포로부터 벗어나는 부분을 무시하면:

$$p=\rho\overline{\alpha^2}=\rho\overline{\beta^2}=\rho\overline{\gamma^2},\ \overline{\alpha\beta}=\overline{\alpha\gamma}=\overline{\beta\gamma}=0.$$

$$p_1=\rho_1\overline{\alpha_1^2}=\rho_1\overline{\beta_1^2}=\rho_1\overline{\gamma_1^2},\ \overline{\alpha_1\beta_1}=\overline{\alpha_1\gamma_1}=\overline{\beta_1\gamma_1}=0.$$

분자의 평균 운동에너지는 두 종류의 기체에 있어서 별로 다르지 않으므로, 근사적으로:

$$\frac{m}{2}(\overline{\xi^2}+\overline{\eta^2}+\overline{\zeta^2})=\frac{m_1}{2}(\overline{\xi_1^2}+\overline{\eta_1^2}+\overline{\zeta_1^2}).$$

현재의 근사 수준에서는 기체가 서로 확산하는 작은 속도성분들 u, v, w의 제곱이 $\xi^2, \eta^2, \cdots$에 비하여 작으므로 무시할 수 있는데:

$$m(\overline{\alpha^2}+\overline{\beta^2}+\overline{\gamma^2})=m_1(\overline{\alpha_1^2}+\overline{\beta_1^2}+\overline{\gamma_1^2}).$$

이 양들을 다시[방정식 (51a) 참조] $3MRT$로 놓고, T를 do의 온도라 하자. M은 제 3의 정상기체의 질량, R은 선택된 온도 스케일에 따른 기체상수(즉, 정상기체의 기체상수)이다. 두 기체들은 정지상태의 기체처럼 거동하므로,

$$p = r\rho T = \frac{R}{\mu}\rho T, p_1 = r_1\rho_1 T = \frac{R}{\mu_1}\rho_1 T_1 \tag{253}$$

이며, 여기에서 r, r_1은 두 기체들의 기체상수, $\mu = m/M, \mu_1 = m_1/M$이다.

방정식 (187)에서 $\phi = \xi = u + \alpha$로 놓으면:

$$\overline{\phi} = u, \rho\overline{\alpha\phi} = \rho\overline{\alpha^2} = p, \overline{\beta\phi} = \overline{\gamma\phi} = 0, \overline{\frac{\partial\phi}{\partial\xi}} = 1, \overline{\frac{\partial\phi}{\partial\eta}} = 0, \overline{\frac{\partial\phi}{\partial\zeta}} = 0.$$

$B_5(\phi) = 0$이므로:

$$\rho\frac{\partial u}{\partial t} + \frac{\partial p}{\partial x} - \rho X = mB_4(\xi) \tag{254}$$

이며, 방정식 (132)에 의하면,

$$B_4(\xi) = \iint\int_0^\infty\int_0^{2\pi}(\xi' - \xi)fF_1\,d\omega\,d\omega_1\,gb\,db\,d\epsilon.$$

방정식 (200)을 사용하면:

$$\xi' - \xi = \frac{m_1}{m+m_1}\left[2(\xi_1 - \xi)\cos^2\theta + \sqrt{g^2 - (\xi - \xi_1)^2}\sin 2\theta\cos\epsilon\right]$$

를 얻으므로,

$$\int_0^{2\pi}(\xi' - \xi)d\epsilon = \frac{4\pi m_1}{m+m_1}(\xi_1 - \xi)\cos^2\theta$$

$$\int_0^\infty gb\,db\int_0^{2\pi}(\xi' - \xi)d\epsilon = \frac{m_1}{m+m_1}(\xi_1 - \xi)g\int_0^\infty 4\pi\cos^2\theta\,b\,db.$$

방정식 (195)를 따라:

$$b = \left[\frac{K(m+m_1)}{mm_1}\right]^{1/n} g^{-2/n}\alpha$$

$$db = \left[\frac{K(m+m_1)}{mm_1}\right]^{1/n} g^{-2/n}d\alpha$$

로 놓고, $n=4$로 하면:

$$\int_0^\infty \int_0^{2\pi} (\xi' - \xi) gb\,db\,d\epsilon$$
$$= m_1(\xi_1 - \xi)\sqrt{\frac{K}{mm_1(m+m_1)}} \int_0^\infty 4\pi \cos^2\theta \ \alpha\, d\alpha.$$

맥스웰은 이 적분을 정적분 A_1 이라고 불렀는데, 그 값은[62)]

(255) $$A_1 = 2.6595.$$

(256) $$A_3 = A_1 \sqrt{\frac{K}{mm_1(m+m_1)}}$$

으로 놓으면

$$\int_0^\infty \int_0^{2\pi} (\xi' - \xi) gb\,db\,d\epsilon = m_1 A_3 (\xi_1 - \xi).$$

또한 이로부터:

$$mB_4(\xi) = A_3[m\int f d\omega \cdot \ m_1 \int \xi_1 F_1 d\omega_1 - m\int \xi f d\omega \ \cdot m_1 \int F_1 d\omega_1].$$

62) Maxwell, Phil. Trans. **157**, 49(1867).

방정식 (175)에 의하면:

$$m\int fd\omega = \rho,\ m\int \xi f d\omega = \rho\bar{\xi} = \rho u$$

이며, 두 번째 기체에 대해서도 마찬가지의 관계

$$m_1\int F_1 d\omega_1 = \rho_1,\ m_1\int \xi_1 F_1 d\omega_1 = \rho_1 u_1$$

가 성립하므로

$$mB_4(\xi) = A_3\rho\rho_1(u_1 - u)$$

이고, 방정식 (254)는

(257) $$\rho\frac{du}{dt} + \frac{\partial p}{\partial x} - \rho X + A_3\rho\rho_1(u - u_1) = 0$$

으로 간단해지고, 두 번째 기체에 대해서도

(257a) $$\rho_1\frac{du_1}{dt} + \frac{\partial p_1}{\partial x} - \rho_1 X_1 + A_3\rho\rho_1(u_1 - u) = 0$$

이다.

이는 이미 친숙한 유체역학 방정식이다. 우리의 가정에 의하면 점성과 열전달은 중요하지 않다. 마지막 항만이 두 종류 기체 사이의 상호작용을 나타내는데, 이 가정에 의하면 이 상호작용의 효과는 밖으로부터 do 내 첫 번째 기체에 작용하는 힘 $X\rho do$에 $-A_3\rho\rho_1(u_1 - u)do$를 더할 때의 효과와 동일한 영향을 미친다. 기체가 다른 힘의 작용을 받지 않고, 오직 두 번째 기체를 통하여 그 운동에 저항을 받게 할 수도 있다. y, z에 대해서도 마찬가지이므로, 이 저항은 두 기체의 부분밀도, 상대속도 $\sqrt{(u-u_1)^2+(v-v_1)^2+(w-w_1)^2}$,

부피요소 do 및 상수 A_3의 곱과 같다. 그 방향은 상대운동의 방향이고, 상대운동에 거슬러서 다른 기체에 작용한다. 방정식 (187)에서 $\phi=\xi^2+\eta^2+\zeta^2$ 로 놓으면, 현재의 근사수준에서는 초기에 $m(\overline{x^2+y^2+z^2})=m_1(\overline{x_1^2+y_1^2+z_1^2})$ 이면,

$$\frac{d}{dt}(\overline{\alpha^2}+\overline{\beta^2}+\overline{\gamma^2})=0.$$

따라서 온도는 확산의 결과로 변하지 않는다.

우리는 이 방정식들을 로슈미트 교수[63]의 기체확산 실험에만 적용하고자 한다. 실험은 다음과 같이 진행된다: 수직 원통을 얇은 막에 의하여 두 부분으로 나눈다. 아래 부분을 무거운 기체로, 윗부분을 가벼운 기체로 채운다. 두 기체의 온도와 압력을 같게 하고, 기체의 모든 전체적인 운동이 멈춘 후에 얇은 막을 신속하게 제거한다. 일정한 시간 후에 막을 다시 장착하여, 용기의 두 부분에서의 내용물을 분석한다. 기체운동은 오직 실린더의 축 방향으로만 일어난다. 이 축을 수평축으로 택하면,

$$v=w=\frac{\partial}{\partial y}=\frac{\partial}{\partial z}=0.$$

이것을 다음과 같이 보일 수도 있다: 완화시간의 역수에 대한 관계

$$\frac{1}{\tau}=3A_2\rho\sqrt{\frac{K_1}{2m^3}}$$

와 방정식 (256)에 따르면:

63) Loschmidt, Wien. **61**. 367, 62, 468(1870).

$$A_3\rho_1 = A_1\rho_1 / \sqrt{\frac{K_1}{mm_1(m+m_1)}}\,.$$

A_1은 A_2의 두 배보다는 작은 숫자이고, ρ, m는 각각 ρ_1, m_1과 대략적인 크기가 같다. 우리는 또한 m-분자와 m_1-분자 간 상호작용에 대한 힘법칙에 등장하는 상수 K, K_1의 대략적인 크기가 같다고 가정한다. 그러면 방정식 (257)에서 첫째 항과 마지막 항의 크기 비율은 du/dt와 $(u-u_1)/\tau$의 비율과 같다. 이 비율은 또한 0으로도 놓을 수 있는데, 그 이유는 확산 과정이 매우 느려서 u가 $u-u_1$만큼 증가하는 데에 걸리는 시간 τ_1이 완화시간 τ보다 훨씬 길기 때문이다. 따라서 방정식 (257)의 첫째 항을 무시할 수 있어서:

$$\frac{\partial p}{\partial x} = A_3\rho\rho_1(u-u_1) \tag{258}$$

을 얻는다. 마찬가지로:

$$\frac{\partial p_1}{\partial x} = A_3\rho\rho_1(u_1-u). \tag{259}$$

두 연속방정식으로부터:

$$\frac{\partial \rho}{\partial t} + \frac{\partial(\rho u)}{\partial x} = \frac{\partial \rho_1}{\partial t} + \frac{\partial(\rho_1 u_1)}{\partial x} = 0. \tag{260}$$

실험이 진행되는 동안 온도 T는 일정하게 유지되어야 한다. 따라서 방정식 (253)에 의하면 p는 ρ에, p_1은 ρ_1에 비례하므로 방정식 (260)을

$$\frac{\partial p}{\partial t} + \frac{\partial(pu)}{\partial x} = \frac{\partial p_1}{\partial t} + \frac{\partial(p_1 u_1)}{\partial x} = 0 \tag{261}$$

으로도 쓸 수 있다.

총압력 $P=p+p_1$로 놓으면 방정식 (258)과 (259)에 의하여:

$$\frac{\partial P}{\partial x}=0.$$

또한, 방정식 (261)로부터:

$$\frac{\partial P}{\partial t}+\frac{\partial(pu+p_1u_1)}{\partial x}=0$$

이므로,

$$pu+p_1u_1=C_1x+C_2.$$

기체의 윗면이나 아랫면을 통하여 기체가 들어오거나 빠져나가지 못하므로, 윗면이나 아랫면에 해당하는 수평축의 값에서 $u=u_1=0$이며, 따라서 $pu+p_1u_1=0$.

그러므로 $C_1=C_2=0$이며,

$$pu+p_1u_1=0. \tag{262}$$

이 관계식을 이용하여 방정식 (258)로부터 u_1을 제거하면:

$$\frac{\partial p}{\partial x}=-A_3\frac{\rho\rho_1}{pp_1}Ppu$$

이므로, 방정식 (253)에 의하면

$$\frac{\partial p}{\partial x}=-\frac{A_3\mu\mu_1P}{R^2T^2}pu. \tag{263}$$

x에 대하여 다시 미분하고 방정식 (261)에 따르자면:

$$\frac{\partial p}{\partial t}=D\frac{\partial^2p}{\partial x^2}$$

이고,

$$D = \frac{R^2 T^2}{A_3 \mu \mu_1 P}.$$

이 방정식은 푸리에에 의하여 열전달에 대하여 얻어진 식과 동일한 형식이다. 확산과 열전달의 두 자연현상들은 동일한 법칙을 따른다. 우리의 특수한 경우에, 확산은 마치 원통의 기체 대신에, 처음에 위쪽 절반은 온도가 100℃로, 아래쪽 절반은 0℃로 유지된 균일한 금속 원통에서처럼 일어난다; 금속 원통의 전 표면을 통하여 열은 전도나 복사에 의하여 들어오지도 않고, 빠져나가지도 않는다.

D는 확산계수이며, 절대온도 T의 제곱에 비례하고 총압력 P에는 반비례한다. 기체 혼합비에 무관하므로, 용기의 모든 층에서 확산이 일어나는 동안에 확산계수는 일정하다. 분자가 탄성구처럼 거동하면 D는 $T^{3/2}$에 비례하며, 기체 혼합비에 의존한다. P에 대한 의존성은 두 경우에 같다.

확산계수 D는 다음과 같이 간단히 정의될 수 있다. 방정식 (263)에 $-\mu D/RT$를 곱하면:

$$\rho u = -\frac{R^2 T^2}{A_3 \mu \mu_1 P}\frac{\partial \rho}{\partial x} = -D\frac{\partial \rho}{\partial x}.$$

ρu는 단위시간 동안 단위 단면적을 통과하는 기체의 총량인 것은 자명하며, 용기 축 방향의 기체의 부분밀도의 경사도(gradient) $\partial\rho/\partial x$에 비례한다. 이 비례상수가 바로 확산계수이다. 거리의 5제곱에 반비례하는 힘법칙을 가정한다면, 힘 상수 K_1, K_2로부터 K에 대한 어떤 결론도 얻지 못한다. 그러나 반발력이 압축가능한 에테르-각(껍질)에 의하여 전달된다고 가정하면 K에 대한 결론을 얻을 수도 있다. 이 경우 m-분자의 에테르-각(껍질)에 지

름의 값 s를 주면, 충돌 시에 평균적으로 두 m-분자들은 최단거리 s로 접근할 것이다. 한 개의 m-분자를 고정시키고, 다른 분자가 평균 운동에너지 $\imath$로 접근하도록 하면, s의 거리에서 0의 속도를 가질 것이다. 그러면:

$$\imath = \int_s^\infty \frac{K_1 dr}{r^5} = \frac{K_1}{4s^4}. \tag{264}$$

마찬가지로

$$\imath = \frac{K_2}{4s_1^4}.$$

그러나 m_1-분자는 m-분자에 평균적으로 $(s+s_1)/2$의 최단거리까지 접근한다. 한 개의 m-분자를 고정시키고, 다른 분자가 모든 분자들의 평균 운동에너지로 접근하도록 한다면, 그 속도는 $(s+s_1)/2$의 거리에서 사라질 것이므로:

$$\imath = \frac{4K}{(s+s_1)^4}.$$

이 방정식들로부터:

$$2\sqrt[4]{K} = \sqrt[4]{K_1} + \sqrt[4]{K_2}.$$

방정식 (256)으로부터:

$$A_3 = A_1 \sqrt{\frac{K}{mm_1(m+m_1)}} = \frac{A_1}{M^{3/2}} \sqrt{\frac{K}{\mu\mu_1(\mu+\mu_1)}}$$
$$= \frac{A_1}{4M^{3/2}} \frac{(\sqrt[4]{K_1} + \sqrt[4]{K})^2}{\sqrt{\mu\mu_1(\mu+\mu_1)}}.$$

첫 번째 기체의 점성계수는 [방정식 (219)]:

$$\Gamma = \frac{1}{3A_2\rho}\sqrt{\frac{2m^3}{K_1}} = \frac{RTM^{3/2}}{3A_2}\sqrt{\frac{2\mu}{K_1}}.$$

마찬가지로 두 번째 기체의 점성계수는:

$$\Gamma_1 = \frac{RTM^{3/2}}{3A_2}\sqrt{\frac{2\mu_1}{K_2}}.$$

이므로

(265) $$\sqrt{K_1} = \frac{RTM^{3/2}}{3A_2}\frac{\sqrt{2\mu}}{\Gamma},\ \sqrt{K_2} = \frac{RTM^{3/2}}{3A_2}\frac{\sqrt{2\mu_1}}{\Gamma_1}$$

$$A_3 = \frac{A_1RT}{6\sqrt{2}\,A_2\sqrt{\mu\mu_1(\mu+\mu_1)}}\left(\frac{\sqrt[4]{\mu}}{\sqrt{\Gamma}} + \frac{\sqrt[4]{\mu_1}}{\sqrt{\Gamma_1}}\right)^2$$

$$D = \frac{6\sqrt{2}\,A_2RT}{A_1P}\sqrt{\frac{\mu+\mu_1}{\mu\mu_1}}\frac{1}{\left(\frac{\sqrt[4]{\mu}}{\sqrt{\Gamma}} + \frac{\sqrt[4]{\mu_1}}{\sqrt{\Gamma_1}}\right)^2}.$$

이 방정식을 이용하여 두 기체들의 확산계수를 분자량과 점성계수로부터 구할 수 있다. 그 값은 근사적으로 실험값과 일치하지만 정확히 일치한다고 말할 수는 없다. 그렇지만 이 관계식은 지금까지 제안된 어떤 것보다 더 합리적인 근거를 가지고 있는 듯하다.

방정식 (264)에서:

$$\imath = \frac{m}{2}\overline{c^2}$$

로 놓으면

$$K_1 = 2ms^4\overline{c^2}$$

이므로

$$R = \frac{pm}{3A_2\rho s^2\sqrt{\overline{c^2}}}$$

$$\frac{p}{\rho} = \frac{1}{3}\overline{c^2}$$

이므로

$$\Gamma = \frac{m\sqrt{\overline{c^2}}}{9A_2 s^2} = 0.0812\frac{m\sqrt{\overline{c^2}}}{s^2}.$$

방정식 (91)에 의하면

$$\Gamma = knmc\lambda, \lambda = \frac{1}{\pi n s^2\sqrt{2}}.$$

또한, 방정식 (89)에 의하여, 만약

$$c = \bar{c} = \sqrt{\frac{8}{3\pi}}\sqrt{\overline{c^2}}$$

이면

$$k = 0.350271.$$

그러므로:

$$\Gamma = 0.350271\frac{2}{\pi\sqrt{3\pi}}\frac{m\sqrt{\overline{c^2}}}{s^2} = 0.0726\frac{m\sqrt{\overline{c^2}}}{s^2}.$$

이 계수는 매우 미미한 차이만을 보임을 알 수 있다.

평균자유행로와 충돌횟수의 개념은 거리의 5제곱에 반비례하는 반발력에 대해서는 적당하지 않다. 이를 정의하기 위해서는 임의의 가정을 세워야 하는데, 예를 들면 두 분자들의 상대속도가 1° 이상의 각으로 굴절되어야 두 분자들 사이의 충돌이 일어나는 것으로 결정하는 식이다.

확산의 계산과, 확산하는 두 기체들의 엔트로피 계산에서 근사를 좀 더 개선하는 것은 매우 흥미롭다. 확산의 경우, 확산 시에 아마도 온도의 변동이 있을 것이지만, 본 논의에서 얻은 원리를 사용하면 그 계산은 어렵지 않을 듯하다. 마찬가지로, 두 기체들의 엔트로피를 계산하여 확산에 의한 소진함수를 구하는 것도 쉬울 것이다. 그러나 이 문제들을 여기에서는 더 이상 추구하지 않을 것이다.

지은이

:: 루트비히 볼츠만 Ludwig Eduard Boltzmann, 1844~1906

1844년 오스트리아 빈에서 출생
1863년 빈 대학에서 물리학을 전공. 1866년에 「기체분자운동론」으로 박사학위 취득
1867년 첫 논문 「열역학 제2법칙의 역학적 의미」 발표
1869년 그라츠 대학의 수리물리학 정교수로 임용
1873년 빈 대학의 수학 교수로 취임
1876년 그라츠 대학의 수학 및 물리학 강사인 헨리에테 폰 아이겐틀러와 결혼.
그라츠 대학으로 돌아감
1887년 그라츠 대학 총장으로 취임
1890년 뮌헨 대학 이론물리학과의 석좌교수로 취임
1893년 스승인 요제프 슈테판의 후임으로 빈 대학 이론물리학 교수로 취임
1896년 『기체론 강의(*Vorlesungen über Gastheorie*)』 출간
1906년 이탈리아 트리스테 근처 두이노에서 여름휴가 중 사망.
빈의 중앙묘지에 있는 묘비명에는 유명한 엔트로피 방정식 $S = k \log W$가 새겨져 있음

옮긴이

:: 이성열

서울대학교 화학과 (이학사)
KAIST 화학과 (이학석사)
시카고 대학 화학과 (이학박사)
경희대학교 응용화학과 교수 (물리화학 전공)
1999년 경희대학교 창립 50주년 미원학술상 (우수상)
2009년 대한화학회 이태규 학술상 수상
논문 "Hydrogen-bond promoted nucleophilic fluorination: Concept, mechanism and applications in positron emission tomography" *Chem. Soc. Rev.* **45**, **4638** (2016) 등 150여 편 발표
저, 역서: 『과학의 천재들』 (앨런 라이트먼 지음, 다산초당, 2011)
『과학이 나를 부른다』 (공저, 사이언스북스, 2008)

기체론 강의 1

1판 1쇄 펴냄 | 2017년 8월 30일
1판 2쇄 펴냄 | 2024년 7월 1일

지은이 | 루트비히 볼츠만
옮긴이 | 이성열
펴낸이 | 김정호
펴낸곳 | 아카넷

출판등록 2000년 1월 24일(제406-2000-000012호)
10881 경기도 파주시 회동길 445-3
전화 | 031-955-9510(편집) · 031-955-9514(주문)
팩시밀리 | 031-955-9519
책임편집 | 이하심
www.acanet.co.kr

Printed in Seoul, Korea.

ISBN 978-89-5733-562-8 94420
ISBN 978-89-5733-214-6 (세트)

이 도서의 국립중앙도서관 출판예정도서목록(CIP)은
서지정보유통지원시스템 홈페이지(http://seoji.nl.go.kr)와
국가자료공동목록시스템(http://www.nl.go.kr/kolisnet)에서 이용하실 수 있습니다.
(CIP제어번호: CIP2017018709)